JN213826

数列母関数

ハンドブック

萬山　星一　著

東京図書出版

まえがき

本書「数列母関数ハンドブック」は、(整) 数列解析における重要なツールである母関数に焦点を当て、その理論的な基礎と実践的な応用方法を紹介します. 母関数は、無限に続く数列の性質を1つの関数として表現する強力な手段であり、その応用範囲は非常に広範です. アルゴリズムの最適化や問題解決においても、このツールを使いこなすことができれば、効率的かつ創造的なアプローチを見つけることが可能です.

本書の対象は、数列やアルゴリズムに興味を持つ幅広い層の方々です. 数学を専攻する学生や研究者にとっては、数列と母関数の関係を理解するための基礎的な参考書として役立ち、また、エンジニアや競技プログラミングに挑戦する方々にとっては、数列問題に取り組む際の実践的な手引きとなることを目指しています.

数列の持つ美しさと、その背後に隠されたパターンを探る旅に、ぜひ一緒に出かけましょう.

本書で紹介した数列については、GitHub でソースコードを公開しています.

https://github.com/manman4/book_of_gf_and_seq

2024 年 12 月

萬山　星一

目次

1 記号表

記号	意味
$a(n)$	n 番目の数列の値
$A(x)$	数列の母関数
B_n	関-ベルヌーイ数
E.g.f.	指数型母関数
$\exp(x)$	e^x
$\gcd(x_1, x_2, \cdots, x_n)$	$x_1, x_2, \cdots, x_n$ の最大公約数
G.f.	通常型母関数
$J_k(n)$	Jordan's totient function
	ただし本書では $k=1$ のときは $\phi(n)$ の表記を使う
$\mu(n)$	メビウス関数
$p(n)$	分割数
$\phi(n)$	オイラーのトーシェント関数
$\sigma_k(n)$	n の約数の k 乗和
	ただし $k=1$ のときは $\sigma(n)$ と表す
$d \mid n$	n は d で割り切れる
$a \mod c = b$	a を c で割った余りが b
$\lfloor x \rfloor$	床関数
$[n]$	1 から n までの整数の集合
$[x^n]$	x^n の係数
$\binom{n}{k}$	n から k を選ぶ組み合わせ
$\left[{n \atop k}\right]$	第1種スターリング数
$\left\{{n \atop k}\right\}$	第2種スターリング数

2　基礎知識

2.1　数列

本書は添字が**1つ**の数列を扱うことにする．添字は**0以上**から始まるものを扱うことにする．

2.2　母関数（generating function）

母関数とは、数列に関する情報を内包した係数を持つ、**形式的**冪級数である．(冪級数と異なり、変数は形式的なものとして扱われ、収束性を考慮しない.)

母関数には通常型母関数、指数型母関数、ディリクレ級数など様々なものがあるが、本書では、通常型母関数、指数型母関数を扱う.

2.2.1　通常型母関数（ordinary generating function）

形式的冪級数 $\sum_{k=0}^{\infty} a(k)x^k$ を通常型母関数という．単に「母関数」と言った場合、通常型母関数を意味することが多い．G.f. と略すことにする．

2.2.2　指数型母関数（exponential generating function）

形式的冪級数 $\sum_{k=0}^{\infty} a(k)\frac{x^k}{k!}$ を指数型母関数という．E.g.f. と略すことにする．

2.3　Series Reversion

形式的冪級数 $A(x), B(x)$ が逆関数の関係にあるとき、$B(x) = \text{Series\_Reversion}(A(x))$[2.1] と表記する.

公式 2.1　形式的冪級数 $A(x)$ が $[x^0]A(x) \neq 0$ のとき、

$$[x^n]\left(\frac{1}{x}\right)\text{Series\_Reversion}(xA(x)) = \frac{1}{n+1}[x^n]\left(\frac{1}{A(x)}\right)^{n+1}$$

[2.1] OEIS（オンライン整数列大辞典）における最近の表記

2.4　二項級数

任意の複素数 α に対して、二項級数は次のように展開される．

$$(1+x)^\alpha = \sum_{k=0}^{\infty} \binom{\alpha}{k} x^k$$

ここで、二項係数 $\binom{\alpha}{k}$ は次のように定義される．

$$\binom{\alpha}{k} = \frac{\alpha(\alpha-1)(\alpha-2)\cdots(\alpha-k+1)}{k!}$$

この級数は $|x| < 1$ ならば、収束する．

2.5　分割（partition）と結合（composition）

非負整数 n に対して

$$n = \lambda_1 + \lambda_2 + \cdots + \lambda_l$$

$$\lambda_1 \geq \lambda_2 \geq \cdots \geq \lambda_l > 0$$

と表されるとき、$\lambda = (\lambda_1, \lambda_2, \cdots, \lambda_l)$ を n の**分割**と呼ぶ．また、λ_i を**和因子**と呼ぶ．

和の順序をも考慮する場合は、分割ではなく**結合** (composition) と呼ぶ．

例 2.1　$n = 4$ のとき、全部で 5 通りの分割がある．

$$\begin{aligned} 4 &= 4 \\ &= 3+1 \\ &= 2+2 = 2+1+1 \\ &= 1+1+1+1 \end{aligned}$$

例 2.2　$n = 4$ のとき、全部で 8 通りの結合がある．

$$\begin{aligned} 4 &= 4 \\ &= 3+1 = 1+3 \\ &= 2+2 = 2+1+1 = 1+2+1 = 1+1+2 \\ &= 1+1+1+1 \end{aligned}$$

2.6 Jordan's totient function

定義 2.1 (Jordan's totient function)　オイラーのトーシェント関数の一般化であり、次のように定義される．

$$J_k(n) = \sum_{\substack{1 \le x_1, x_2, \cdots, x_k \le n \\ \gcd(x_1, x_2, \cdots, x_k, n) = 1}} 1$$

また、次の式を満たす．

公式 2.2

$$J_k(n) = n^k \prod_{p|n} \left(1 - \frac{1}{p^k}\right),$$

ここで積は n の全ての素因数 p に対して取られる．

公式 2.3

$$\sum_{d|n} J_k(d) = n^k$$

2.7 メビウス関数

定義 2.2 (メビウス関数)　$\mu(n)$ は次のように定義される．

$$\mu(n) = \begin{cases} 1 & n = 1 \text{ の場合}, \\ (-1)^k & n \text{ が } k \text{ 個の異なる素数の積である場合}, \\ 0 & n \text{ が平方数の因子を持つ場合}. \end{cases}$$

3　有名数（列）

3.1　二項係数

二項係数について、**2.4 二項級数**で定義しているので、表だけ載せる.

表 1: $\binom{n}{k}$

$n\backslash k$	0	1	2	3	4	5
-5	1	-5	15	-35	70	-126
-4	1	-4	10	-20	35	-56
-3	1	-3	6	-10	15	-21
-2	1	-2	3	-4	5	-6
-1	1	-1	1	-1	1	1
0	1					
1	1	1				
2	1	2	1			
3	1	3	3	1		
4	1	4	6	4	1	
5	1	5	10	10	5	1
6	1	6	15	20	15	6
7	1	7	21	35	35	21

3.2　スターリング数

定義 3.1 (**第１種スターリング数**)　任意の整数 n, k に対し $\begin{bmatrix} n \\ k \end{bmatrix}$ を、

$$\text{初期値} \begin{bmatrix} 0 \\ 0 \end{bmatrix} = 1, \begin{bmatrix} n \\ 0 \end{bmatrix} = \begin{bmatrix} 0 \\ k \end{bmatrix} = 0 \quad (n, k \neq 0) \text{ および}$$

$$\begin{bmatrix} n+1 \\ k \end{bmatrix} = \begin{bmatrix} n \\ k-1 \end{bmatrix} + n \begin{bmatrix} n \\ k \end{bmatrix}$$

で定義する.

定義 3.2 (**第２種スターリング数**)　任意の整数 n, k に対し $\begin{Bmatrix} n \\ k \end{Bmatrix}$ を、

$$\text{初期値} \begin{Bmatrix} 0 \\ 0 \end{Bmatrix} = 1, \begin{Bmatrix} n \\ 0 \end{Bmatrix} = \begin{Bmatrix} 0 \\ k \end{Bmatrix} = 0 \quad (n, k \neq 0) \text{ および}$$

$$\begin{Bmatrix} n+1 \\ k \end{Bmatrix} = \begin{Bmatrix} n \\ k-1 \end{Bmatrix} + k \begin{Bmatrix} n \\ k \end{Bmatrix}$$

で定義する.

表 2: $\begin{bmatrix} n \\ k \end{bmatrix}$

$n \backslash k$	0	1	2	3	4	5
0	1					
1	0	1				
2	0	1	1			
3	0	2	3	1		
4	0	6	11	6	1	
5	0	24	50	35	10	1

表 3: $\begin{Bmatrix} n \\ k \end{Bmatrix}$

$n \backslash k$	0	1	2	3	4	5
0	1					
1	0	1				
2	0	1	1			
3	0	1	3	1		
4	0	1	7	6	1	
5	0	1	15	25	10	1

3.3 Eulerian number

定義 3.3 (Eulerian number) $\left\langle {n \atop k} \right\rangle$ を、

$[n]$ の順列で、ちょうど k 回上昇（右の数が左の数より大きい）を持つものの個数

とする.

例 3.1 $\left\langle {4 \atop 2} \right\rangle = 11$. 実際、$[4]$ の順列のうち次の 11 個が 2 個の上昇がある.

1324　1423　2314　2413　3412
1243　1342　2341
2134　3124　4123

次の式を満たす.

公式 3.1 自然数 n に対して

$$\left\langle {n \atop k} \right\rangle = (k+1)\left\langle {n-1 \atop k} \right\rangle + (n-k)\left\langle {n-1 \atop k-1} \right\rangle$$

公式 3.2 非負整数 n に対して

$$\sum_{k=0}^{n} \left\langle {n \atop k} \right\rangle \binom{x+k}{n} = x^n$$

表 4: $\left\langle {n \atop k} \right\rangle$

$n \backslash k$	0	1	2	3	4	5
0	1					
1	1	0				
2	1	1	0			
3	1	4	1	0		
4	1	11	11	1	0	
5	1	26	66	26	1	0

3.4 関-ベルヌーイ数

定義 3.4 (関-ベルヌーイ数)　B_k を、

$$\sum_{k=0}^{n} \binom{n+1}{k} B_k = n+1$$

で定義する.

次の有用な式を満たす.

公式 3.3 (Faulhaber's formula)

$$1^k + 2^k + \cdots + n^k = \frac{1}{k+1} \sum_{j=0}^{k} \binom{k}{j} B_j n^{k-j}$$

表 5: 関-ベルヌーイ数

n	0	1	2	3	4	5	6	7	8	9	10	11	12
B_n	1	$\frac{1}{2}$	$\frac{1}{6}$	0	$-\frac{1}{30}$	0	$\frac{1}{42}$	0	$-\frac{1}{30}$	0	$\frac{5}{66}$	0	$-\frac{691}{2730}$

4　母関数一覧

4.1　代表的な数列

4.1.1

001　$a(n) = 1 \quad (n \geq 0)$

G.f.: $\dfrac{1}{1-x}$

E.g.f.: $\exp(x) = \displaystyle\sum_{k=0}^{\infty} \frac{x^k}{k!}$

002　$a(n) = 2^n \quad (n \geq 0)$

G.f.: $\dfrac{1}{1-2x}$

E.g.f.: $\exp(2x) = \displaystyle\sum_{k=0}^{\infty} \frac{(2x)^k}{k!}$

003　$a(n) = (-1)^n \quad (n \geq 0)$

G.f.: $\dfrac{1}{1+x}$

E.g.f.: $\exp(-x) = \displaystyle\sum_{k=0}^{\infty} \frac{(-x)^k}{k!}$

004　$a(n) = \dfrac{i^{n-1} + (-i)^{n-1}}{2} \quad (n \geq 0)$

G.f.: $\dfrac{x}{1+x^2}$

E.g.f.: $\sin(x) = \displaystyle\sum_{k=0}^{\infty} \frac{(-1)^k}{(2k+1)!} x^{2k+1}$

005　$a(n) = \dfrac{i^n + (-i)^n}{2} \quad (n \geq 0)$

G.f.: $\dfrac{1}{1+x^2}$

E.g.f.: $\cos(x) = \displaystyle\sum_{k=0}^{\infty} \frac{(-1)^k}{(2k)!} x^{2k}$

006 $a(n) = n \mod 2 \quad (n \geq 0)$

G.f.: $\dfrac{x}{1-x^2}$

E.g.f.: $\sinh(x) = \displaystyle\sum_{k=0}^{\infty} \frac{x^{2k+1}}{(2k+1)!}$

007 $a(n) = (n+1) \mod 2 \quad (n \geq 0)$

G.f.: $\dfrac{1}{1-x^2}$

E.g.f.: $\cosh(x) = \displaystyle\sum_{k=0}^{\infty} \frac{x^{2k}}{(2k)!}$

008 $a(n) = (n-1)! \quad (n \geq 1)$

E.g.f.: $-\log(1-x) = \displaystyle\sum_{k=1}^{\infty} \frac{x^k}{k}$

009 $a(n) = \mu(n)$

公式

$$\exp(x) = \prod_{k=1}^{\infty} \frac{1}{(1-x^k)^{\frac{\mu(k)}{k}}}$$

$$\exp(x(1-x)) = \prod_{k=1}^{\infty} (1+x^k)^{\frac{\mu(k)}{k}}$$

$$x = \sum_{k=1}^{\infty} \frac{\mu(k)x^k}{1-x^k}$$

010 $a(n) = \phi(n)$

公式

$$\frac{x}{(1-x)^2} = \sum_{k=1}^{\infty} \frac{\phi(k)x^k}{1-x^k}$$

011　G.f.: $\dfrac{x}{1-x-x^2}$

$$a(n+1)=\sum_{k=0}^{\lfloor \frac{n}{2} \rfloor}\binom{n-k}{k}$$

012　G.f. $A(x)$ が $A(x)=1+xA(x)^2$ を満たす

$$a(n)=\frac{(2n)!}{n!(n+1)!}=\frac{1}{n+1}\binom{2n}{n}$$

013　$a(n)=\sigma_0(n)$

$$\text{G.f.: } \sum_{k=1}^{\infty}\sigma_0(n)x^k=\sum_{k=1}^{\infty}\frac{x^k}{1-x^k}$$

014　$a(n)=\sigma(n)$

$$\text{G.f.: } \sum_{k=1}^{\infty}\sigma(k)x^k=\sum_{k=1}^{\infty}\frac{kx^k}{1-x^k}=\sum_{k=1}^{\infty}\frac{x^k}{(1-x^k)^2}$$

4.2 二項定理、二項係数や階乗に関係する数列

4.2.1

015 $a(n) = 1 \quad (n \geq 0)$

G.f.: $\dfrac{1}{1-x}$

E.g.f.: $\exp(x)$

016 $a(n) = n$

G.f.: $\dfrac{x}{(1-x)^2}$

E.g.f.: $x\exp(x)$

017 $a(n) = \dbinom{n}{2}$

G.f.: $\dfrac{x^2}{(1-x)^3}$

E.g.f.: $\dfrac{x^2}{2}\exp(x)$

018 $a(n) = \dbinom{n}{3}$

G.f.: $\dfrac{x^3}{(1-x)^4}$

E.g.f.: $\dfrac{x^3}{6}\exp(x)$

019 $a(n) = \dbinom{n}{4}$

G.f.: $\dfrac{x^4}{(1-x)^5}$

E.g.f.: $\dfrac{x^4}{24}\exp(x)$

020 $a(n) = \binom{n}{5}$

G.f.: $\dfrac{x^5}{(1-x)^6}$

E.g.f.: $\dfrac{x^5}{120}\exp(x)$

4.2.2

021 G.f.: $\dfrac{1}{1-x}$

$$a(n)=\frac{1}{n!}\prod_{k=0}^{n-1}(k+1)=1$$

022 G.f.: $\dfrac{1}{(1-x)^2}$

$$a(n)=\frac{1}{n!}\prod_{k=0}^{n-1}(k+2)=n+1$$

023 G.f.: $\dfrac{1}{(1-x)^3}$

$$a(n)=\frac{1}{n!}\prod_{k=0}^{n-1}(k+3)=\binom{n+2}{2}$$

024 G.f.: $\dfrac{1}{(1-x)^4}$

$$a(n)=\frac{1}{n!}\prod_{k=0}^{n-1}(k+4)=\binom{n+3}{3}$$

025 G.f.: $\dfrac{1}{(1-x)^5}$

$$a(n)=\frac{1}{n!}\prod_{k=0}^{n-1}(k+5)=\binom{n+4}{4}$$

026 G.f.: $\dfrac{1}{(1-x)^6}$

$$a(n)=\frac{1}{n!}\prod_{k=0}^{n-1}(k+6)=\binom{n+5}{5}$$

4.2.3

027　E.g.f.: $\dfrac{1}{1-x}$

$$a(n)=\prod_{k=0}^{n-1}(k+1)=n!$$

028　E.g.f.: $\dfrac{1}{(1-x)^2}$

$$a(n)=\prod_{k=0}^{n-1}(k+2)=(n+1)!$$

029　E.g.f.: $\dfrac{1}{(1-x)^3}$

$$a(n)=\prod_{k=0}^{n-1}(k+3)=\frac{(n+2)!}{2}$$

030　E.g.f.: $\dfrac{1}{(1-x)^4}$

$$a(n)=\prod_{k=0}^{n-1}(k+4)=\frac{(n+3)!}{6}$$

031　E.g.f.: $\dfrac{1}{(1-x)^5}$

$$a(n)=\prod_{k=0}^{n-1}(k+5)=\frac{(n+4)!}{24}$$

032　E.g.f.: $\dfrac{1}{(1-x)^6}$

$$a(n)=\prod_{k=0}^{n-1}(k+6)=\frac{(n+5)!}{120}$$

4.2.4

033 G.f.: $\dfrac{1}{(1-4x)^{\frac{1}{2}}}$

$$a(n) = \frac{2^n}{n!}\prod_{k=0}^{n-1}(2k+1) = \binom{2n}{n}$$

034 G.f.: $\dfrac{1}{(1-9x)^{\frac{1}{3}}}$

$$a(n) = \frac{3^n}{n!}\prod_{k=0}^{n-1}(3k+1)$$

035 G.f.: $\dfrac{1}{(1-9x)^{\frac{2}{3}}}$

$$a(n) = \frac{3^n}{n!}\prod_{k=0}^{n-1}(3k+2)$$

4.2.5

036 E.g.f.: $\dfrac{1}{1-x}$

$$a(n) = \prod_{k=0}^{n-1}(k+1) = n!$$

037 E.g.f.: $\dfrac{1}{(1-x)^2}$

$$a(n) = \prod_{k=0}^{n-1}(k+2) = (n+1)!$$

038 E.g.f.: $\dfrac{1}{(1-2x)^{\frac{1}{2}}}$

$$a(n) = \prod_{k=0}^{n-1}(2k+1)$$

039 E.g.f.: $\dfrac{1}{1-2x}$

$$a(n) = \prod_{k=0}^{n-1}(2k+2) = 2^n n!$$

040 E.g.f.: $\dfrac{1}{(1-2x)^{\frac{3}{2}}}$

$$a(n) = \prod_{k=0}^{n-1}(2k+3)$$

041 E.g.f.: $\dfrac{1}{(1-2x)^2}$

$$a(n) = \prod_{k=0}^{n-1}(2k+4) = 2^n(n+1)!$$

042　E.g.f.: $\dfrac{1}{(1-3x)^{\frac{1}{3}}}$

$$a(n) = \prod_{k=0}^{n-1}(3k+1)$$

043　E.g.f.: $\dfrac{1}{(1-3x)^{\frac{2}{3}}}$

$$a(n) = \prod_{k=0}^{n-1}(3k+2)$$

044　E.g.f.: $\dfrac{1}{1-3x}$

$$a(n) = \prod_{k=0}^{n-1}(3k+3) = 3^n n!$$

045　E.g.f.: $\dfrac{1}{(1-3x)^{\frac{4}{3}}}$

$$a(n) = \prod_{k=0}^{n-1}(3k+4)$$

046　E.g.f.: $\dfrac{1}{(1-3x)^{\frac{5}{3}}}$

$$a(n) = \prod_{k=0}^{n-1}(3k+5) = \frac{1}{2}\prod_{k=0}^{n}(3k+2)$$

047　E.g.f.: $\dfrac{1}{(1-3x)^{2}}$

$$a(n) = \prod_{k=0}^{n-1}(3k+6) = 3^n(n+1)!$$

4.2.6

048　G.f.: $\dfrac{1}{1-\dfrac{x}{1-x}}$

$$a(n)=\sum_{k=0}^{n}\binom{n-1}{n-k}$$

049　G.f.: $\dfrac{1}{1-\dfrac{x}{(1-x)^2}}$

$$a(n)=\sum_{k=0}^{n}\binom{n+k-1}{n-k}$$

050　G.f.: $\dfrac{1}{1-\dfrac{x}{(1-x)^3}}$

$$a(n)=\sum_{k=0}^{n}\binom{n+2k-1}{n-k}$$

4.2.7

051　G.f. $A(x)$ が $A(x) = \dfrac{1}{1 - \dfrac{xA(x)}{1-x}}$ を満たす

$$a(n) = \sum_{k=0}^{n} \frac{1}{k+1}\binom{2k}{k}\binom{n-1}{n-k}$$

052　G.f. $A(x)$ が $A(x) = \dfrac{1}{1 - \dfrac{xA(x)}{(1-x)^2}}$ を満たす

$$a(n) = \sum_{k=0}^{n} \frac{1}{k+1}\binom{2k}{k}\binom{n+k-1}{n-k}$$

053　G.f. $A(x)$ が $A(x) = \dfrac{1}{1 - \dfrac{xA(x)}{(1-x)^3}}$ を満たす

$$a(n) = \sum_{k=0}^{n} \frac{1}{k+1}\binom{2k}{k}\binom{n+2k-1}{n-k}$$

4.2.8

054　E.g.f.: $\exp\left(\dfrac{x}{1-x}\right)$

$$a(n) = n!\sum_{k=0}^{n}\frac{1}{k!}\binom{n-1}{n-k}$$

055　E.g.f.: $\exp\left(\dfrac{x}{(1-x)^2}\right)$

$$a(n) = n!\sum_{k=0}^{n}\frac{1}{k!}\binom{n+k-1}{n-k}$$

056　E.g.f.: $\exp\left(\dfrac{x}{(1-x)^3}\right)$

$$a(n) = n!\sum_{k=0}^{n}\frac{1}{k!}\binom{n+2k-1}{n-k}$$

4.2.9

057　E.g.f. $A(x)$ が $A(x) = \exp\left(\dfrac{xA(x)}{1-x}\right)$ を満たす

$$a(n) = n!\sum_{k=0}^{n} \frac{(k+1)^{k-1}}{k!}\binom{n-1}{n-k}$$

058　E.g.f. $A(x)$ が $A(x) = \exp\left(\dfrac{xA(x)}{(1-x)^2}\right)$ を満たす

$$a(n) = n!\sum_{k=0}^{n} \frac{(k+1)^{k-1}}{k!}\binom{n+k-1}{n-k}$$

059　E.g.f. $A(x)$ が $A(x) = \exp\left(\dfrac{xA(x)}{(1-x)^3}\right)$ を満たす

$$a(n) = n!\sum_{k=0}^{n} \frac{(k+1)^{k-1}}{k!}\binom{n+2k-1}{n-k}$$

4.2.10

060 G.f.: $\dfrac{1}{1-x(1+x)}$

$$a(n)=\sum_{k=0}^{n}\binom{k}{n-k}$$

061 G.f.: $\dfrac{1}{1-x(1+x)^2}$

$$a(n)=\sum_{k=0}^{n}\binom{2k}{n-k}$$

062 G.f.: $\dfrac{1}{1-x(1+x)^3}$

$$a(n)=\sum_{k=0}^{n}\binom{3k}{n-k}$$

4.2.11

063 G.f. $A(x)$ が $A(x) = \dfrac{1}{1 - x(1+x)A(x)}$ を満たす

$$a(n) = \sum_{k=0}^{n} \frac{1}{k+1} \binom{2k}{k} \binom{k}{n-k}$$

064 G.f. $A(x)$ が $A(x) = \dfrac{1}{1 - x(1+x)^2 A(x)}$ を満たす

$$a(n) = \sum_{k=0}^{n} \frac{1}{k+1} \binom{2k}{k} \binom{2k}{n-k}$$

065 G.f. $A(x)$ が $A(x) = \dfrac{1}{1 - x(1+x)^3 A(x)}$ を満たす

$$a(n) = \sum_{k=0}^{n} \frac{1}{k+1} \binom{2k}{k} \binom{3k}{n-k}$$

4.2.12

066　E.g.f.: $\exp(x(1+x))$

$$a(n) = n! \sum_{k=0}^{n} \frac{1}{k!} \binom{k}{n-k}$$

067　E.g.f.: $\exp(x(1+x)^2)$

$$a(n) = n! \sum_{k=0}^{n} \frac{1}{k!} \binom{2k}{n-k}$$

068　E.g.f.: $\exp(x(1+x)^3)$

$$a(n) = n! \sum_{k=0}^{n} \frac{1}{k!} \binom{3k}{n-k}$$

4.2.13

069 E.g.f. $A(x)$ が $A(x)=\exp(x(1+x)A(x))$ を満たす

$$a(n)=n!\sum_{k=0}^{n}\frac{(k+1)^{k-1}}{k!}\binom{k}{n-k}$$

070 E.g.f. $A(x)$ が $A(x)=\exp(x(1+x)^2A(x))$ を満たす

$$a(n)=n!\sum_{k=0}^{n}\frac{(k+1)^{k-1}}{k!}\binom{2k}{n-k}$$

071 E.g.f. $A(x)$ が $A(x)=\exp(x(1+x)^3A(x))$ を満たす

$$a(n)=n!\sum_{k=0}^{n}\frac{(k+1)^{k-1}}{k!}\binom{3k}{n-k}$$

4.2.14

072　G.f.: $\dfrac{1}{1-\dfrac{x}{1-x}}$

$$a(n)=\sum_{k=0}^{n}\binom{n-1}{n-k}$$

073　G.f.: $\dfrac{1}{1-\dfrac{x^2}{1-x}}$

$$a(n)=\sum_{k=0}^{\lfloor\frac{n}{2}\rfloor}\binom{n-k-1}{n-2k}$$

074　G.f.: $\dfrac{1}{1-\dfrac{x^3}{1-x}}$

$$a(n)=\sum_{k=0}^{\lfloor\frac{n}{3}\rfloor}\binom{n-2k-1}{n-3k}$$

075　G.f.: $\dfrac{1}{1-\dfrac{x}{1-x^2}}$

$$a(n)=\sum_{k=0}^{\lfloor\frac{n}{2}\rfloor}\binom{n-k-1}{k}$$

076　G.f.: $\dfrac{1}{1-\dfrac{x}{1-x^3}}$

$$a(n)=\sum_{k=0}^{\lfloor\frac{n}{3}\rfloor}\binom{n-2k-1}{k}$$

4.2.15

077 G.f. $A(x)$ が $A(x)=\dfrac{1}{1-\dfrac{xA(x)}{1-x}}$ を満たす

$$a(n)=\sum_{k=0}^{n}\frac{1}{k+1}\binom{2k}{k}\binom{n-1}{n-k}$$

078 G.f. $A(x)$ が $A(x)=\dfrac{1}{1-\dfrac{x^2A(x)}{1-x}}$ を満たす

$$a(n)=\sum_{k=0}^{\lfloor\frac{n}{2}\rfloor}\frac{1}{k+1}\binom{2k}{k}\binom{n-k-1}{n-2k}$$

079 G.f. $A(x)$ が $A(x)=\dfrac{1}{1-\dfrac{x^3A(x)}{1-x}}$ を満たす

$$a(n)=\sum_{k=0}^{\lfloor\frac{n}{3}\rfloor}\frac{1}{k+1}\binom{2k}{k}\binom{n-2k-1}{n-3k}$$

080 G.f. $A(x)$ が $A(x)=\dfrac{1}{1-\dfrac{xA(x)}{1-x^2}}$ を満たす

$$a(n)=\sum_{k=0}^{\lfloor\frac{n}{2}\rfloor}\frac{1}{n-2k+1}\binom{2(n-2k)}{n-2k}\binom{n-k-1}{k}$$

081 G.f. $A(x)$ が $A(x)=\dfrac{1}{1-\dfrac{xA(x)}{1-x^3}}$ を満たす

$$a(n)=\sum_{k=0}^{\lfloor\frac{n}{3}\rfloor}\frac{1}{n-3k+1}\binom{2(n-3k)}{n-3k}\binom{n-2k-1}{k}$$

4.2.16

082 E.g.f.: $\exp\left(\dfrac{x}{1-x}\right)$

$$a(n) = n! \sum_{k=0}^{n} \frac{1}{k!} \binom{n-1}{n-k}$$

083 E.g.f.: $\exp\left(\dfrac{x^2}{1-x}\right)$

$$a(n) = n! \sum_{k=0}^{\lfloor \frac{n}{2} \rfloor} \frac{1}{k!} \binom{n-k-1}{n-2k}$$

084 E.g.f.: $\exp\left(\dfrac{x^3}{1-x}\right)$

$$a(n) = n! \sum_{k=0}^{\lfloor \frac{n}{3} \rfloor} \frac{1}{k!} \binom{n-2k-1}{n-3k}$$

085 E.g.f.: $\exp\left(\dfrac{x}{1-x^2}\right)$

$$a(n) = n! \sum_{k=0}^{\lfloor \frac{n}{2} \rfloor} \frac{1}{(n-2k)!} \binom{n-k-1}{k}$$

086 E.g.f.: $\exp\left(\dfrac{x}{1-x^3}\right)$

$$a(n) = n! \sum_{k=0}^{\lfloor \frac{n}{3} \rfloor} \frac{1}{(n-3k)!} \binom{n-2k-1}{k}$$

4.2.17

087 E.g.f. $A(x)$ が $A(x)=\exp\left(\dfrac{xA(x)}{1-x}\right)$ を満たす

$$a(n)=n!\sum_{k=0}^{n}\frac{(k+1)^{k-1}}{k!}\binom{n-1}{n-k}$$

088 E.g.f. $A(x)$ が $A(x)=\exp\left(\dfrac{x^2A(x)}{1-x}\right)$ を満たす

$$a(n)=n!\sum_{k=0}^{\lfloor\frac{n}{2}\rfloor}\frac{(k+1)^{k-1}}{k!}\binom{n-k-1}{n-2k}$$

089 E.g.f. $A(x)$ が $A(x)=\exp\left(\dfrac{x^3A(x)}{1-x}\right)$ を満たす

$$a(n)=n!\sum_{k=0}^{\lfloor\frac{n}{3}\rfloor}\frac{(k+1)^{k-1}}{k!}\binom{n-2k-1}{n-3k}$$

090 E.g.f. $A(x)$ が $A(x)=\exp\left(\dfrac{xA(x)}{1-x^2}\right)$ を満たす

$$a(n)=n!\sum_{k=0}^{\lfloor\frac{n}{2}\rfloor}\frac{(n-2k+1)^{n-2k-1}}{(n-2k)!}\binom{n-k-1}{k}$$

091 E.g.f. $A(x)$ が $A(x)=\exp\left(\dfrac{xA(x)}{1-x^3}\right)$ を満たす

$$a(n)=n!\sum_{k=0}^{\lfloor\frac{n}{3}\rfloor}\frac{(n-3k+1)^{n-3k-1}}{(n-3k)!}\binom{n-2k-1}{k}$$

4.2.18

092　G.f.: $\dfrac{1}{1-x(1+x)}$

$$a(n)=\sum_{k=0}^{n}\binom{k}{n-k}$$

093　G.f.: $\dfrac{1}{1-x^2(1+x)}$

$$a(n)=\sum_{k=0}^{\lfloor\frac{n}{2}\rfloor}\binom{k}{n-2k}$$

094　G.f.: $\dfrac{1}{1-x^3(1+x)}$

$$a(n)=\sum_{k=0}^{\lfloor\frac{n}{3}\rfloor}\binom{k}{n-3k}$$

095　G.f.: $\dfrac{1}{1-x(1+x^2)}$

$$a(n)=\sum_{k=0}^{\lfloor\frac{n}{3}\rfloor}\binom{n-2k}{k}$$

096　G.f.: $\dfrac{1}{1-x(1+x^3)}$

$$a(n)=\sum_{k=0}^{\lfloor\frac{n}{4}\rfloor}\binom{n-3k}{k}$$

4.2.19

097 G.f. $A(x)$ が $A(x) = \dfrac{1}{1 - x(1+x)A(x)}$ を満たす

$$a(n) = \sum_{k=0}^{n} \frac{1}{k+1} \binom{2k}{k} \binom{k}{n-k}$$

098 G.f. $A(x)$ が $A(x) = \dfrac{1}{1 - x^2(1+x)A(x)}$ を満たす

$$a(n) = \sum_{k=0}^{\lfloor \frac{n}{2} \rfloor} \frac{1}{k+1} \binom{2k}{k} \binom{k}{n-2k}$$

099 G.f. $A(x)$ が $A(x) = \dfrac{1}{1 - x^3(1+x)A(x)}$ を満たす

$$a(n) = \sum_{k=0}^{\lfloor \frac{n}{3} \rfloor} \frac{1}{k+1} \binom{2k}{k} \binom{k}{n-3k}$$

100 G.f. $A(x)$ が $A(x) = \dfrac{1}{1 - x(1+x^2)A(x)}$ を満たす

$$a(n) = \sum_{k=0}^{\lfloor \frac{n}{3} \rfloor} \frac{1}{n-2k+1} \binom{2(n-2k)}{n-2k} \binom{n-2k}{k}$$

101 G.f. $A(x)$ が $A(x) = \dfrac{1}{1 - x(1+x^3)A(x)}$ を満たす

$$a(n) = \sum_{k=0}^{\lfloor \frac{n}{4} \rfloor} \frac{1}{n-3k+1} \binom{2(n-3k)}{n-3k} \binom{n-3k}{k}$$

4.2.20

102　E.g.f.: $\exp(x(1+x))$

$$a(n) = n!\sum_{k=0}^{n}\frac{1}{k!}\binom{k}{n-k}$$

103　E.g.f.: $\exp(x^2(1+x))$

$$a(n) = n!\sum_{k=0}^{\lfloor\frac{n}{2}\rfloor}\frac{1}{k!}\binom{k}{n-2k}$$

104　E.g.f.: $\exp(x^3(1+x))$

$$a(n) = n!\sum_{k=0}^{\lfloor\frac{n}{3}\rfloor}\frac{1}{k!}\binom{k}{n-3k}$$

105　E.g.f.: $\exp(x(1+x^2))$

$$a(n) = n!\sum_{k=0}^{\lfloor\frac{n}{3}\rfloor}\frac{1}{(n-2k)!}\binom{n-2k}{k}$$

106　E.g.f.: $\exp(x(1+x^3))$

$$a(n) = n!\sum_{k=0}^{\lfloor\frac{n}{4}\rfloor}\frac{1}{(n-3k)!}\binom{n-3k}{k}$$

4.2.21

107 E.g.f. $A(x)$ が $A(x)=\exp(x(1+x)A(x))$ を満たす

$$a(n)=n!\sum_{k=0}^{n}\frac{(k+1)^{k-1}}{k!}\binom{k}{n-k}$$

108 E.g.f. $A(x)$ が $A(x)=\exp(x^2(1+x)A(x))$ を満たす

$$a(n)=n!\sum_{k=0}^{\lfloor\frac{n}{2}\rfloor}\frac{(k+1)^{k-1}}{k!}\binom{k}{n-2k}$$

109 E.g.f. $A(x)$ が $A(x)=\exp(x^3(1+x)A(x))$ を満たす

$$a(n)=n!\sum_{k=0}^{\lfloor\frac{n}{3}\rfloor}\frac{(k+1)^{k-1}}{k!}\binom{k}{n-3k}$$

110 E.g.f. $A(x)$ が $A(x)=\exp(x(1+x^2)A(x))$ を満たす

$$a(n)=n!\sum_{k=0}^{\lfloor\frac{n}{3}\rfloor}\frac{(n-2k+1)^{n-2k-1}}{(n-2k)!}\binom{n-2k}{k}$$

111 E.g.f. $A(x)$ が $A(x)=\exp(x(1+x^3)A(x))$ を満たす

$$a(n)=n!\sum_{k=0}^{\lfloor\frac{n}{4}\rfloor}\frac{(n-3k+1)^{n-3k-1}}{(n-3k)!}\binom{n-3k}{k}$$

4.3　階乗を $a(n)$ に含む数列

4.3.1

112　E.g.f.: $\dfrac{1}{1-x\exp(x)}$

$$a(n)=n!\sum_{k=0}^{n}\frac{k^{n-k}}{(n-k)!}$$

113　E.g.f.: $\dfrac{\exp(x)}{1-x\exp(x)}$

$$a(n)=n!\sum_{k=0}^{n}\frac{(k+1)^{n-k}}{(n-k)!}$$

114　E.g.f.: $\dfrac{\exp(2x)}{1-x\exp(x)}$

$$a(n)=n!\sum_{k=0}^{n}\frac{(k+2)^{n-k}}{(n-k)!}$$

115　E.g.f.: $\dfrac{1}{1-x\exp(x^2)}$

$$a(n)=n!\sum_{k=0}^{\lfloor\frac{n}{2}\rfloor}\frac{(n-2k)^{k}}{k!}$$

116　E.g.f.: $\dfrac{\exp(x^2)}{1-x\exp(x^2)}$

$$a(n)=n!\sum_{k=0}^{\lfloor\frac{n}{2}\rfloor}\frac{(n-2k+1)^{k}}{k!}$$

117　E.g.f.: $\dfrac{\exp(2x^2)}{1-x\exp(x^2)}$

$$a(n)=n!\sum_{k=0}^{\lfloor\frac{n}{2}\rfloor}\frac{(n-2k+2)^{k}}{k!}$$

118　E.g.f.: $\dfrac{1}{1-x^2\exp(x)}$

$$a(n) = n! \sum_{k=0}^{\lfloor \frac{n}{2} \rfloor} \frac{k^{n-2k}}{(n-2k)!}$$

119　E.g.f.: $\dfrac{\exp(x)}{1-x^2\exp(x)}$

$$a(n) = n! \sum_{k=0}^{\lfloor \frac{n}{2} \rfloor} \frac{(k+1)^{n-2k}}{(n-2k)!}$$

120　E.g.f.: $\dfrac{\exp(2x)}{1-x^2\exp(x)}$

$$a(n) = n! \sum_{k=0}^{\lfloor \frac{n}{2} \rfloor} \frac{(k+2)^{n-2k}}{(n-2k)!}$$

4.3.2

121　E.g.f.: $\exp(x\exp(x))$

$$a(n) = n!\sum_{k=0}^{n} \frac{k^{n-k}}{k!(n-k)!}$$

122　E.g.f.: $\exp(x + x\exp(x))$

$$a(n) = n!\sum_{k=0}^{n} \frac{(k+1)^{n-k}}{k!(n-k)!}$$

123　E.g.f.: $\exp(2x + x\exp(x))$

$$a(n) = n!\sum_{k=0}^{n} \frac{(k+2)^{n-k}}{k!(n-k)!}$$

124　E.g.f.: $\exp(x\exp(x^2))$

$$a(n) = n!\sum_{k=0}^{\lfloor \frac{n}{2} \rfloor} \frac{(n-2k)^{k}}{k!(n-2k)!}$$

125　E.g.f.: $\exp(x^2 + x\exp(x^2))$

$$a(n) = n!\sum_{k=0}^{\lfloor \frac{n}{2} \rfloor} \frac{(n-2k+1)^{k}}{k!(n-2k)!}$$

126　E.g.f.: $\exp(2x^2 + x\exp(x^2))$

$$a(n) = n!\sum_{k=0}^{\lfloor \frac{n}{2} \rfloor} \frac{(n-2k+2)^{k}}{k!(n-2k)!}$$

127　E.g.f.: $\exp(x^2\exp(x))$

$$a(n) = n!\sum_{k=0}^{\lfloor \frac{n}{2} \rfloor} \frac{k^{n-2k}}{k!(n-2k)!}$$

128 E.g.f.: $\exp(x + x^2 \exp(x))$

$$a(n) = n! \sum_{k=0}^{\lfloor \frac{n}{2} \rfloor} \frac{(k+1)^{n-2k}}{k!(n-2k)!}$$

129 E.g.f.: $\exp(2x + x^2 \exp(x))$

$$a(n) = n! \sum_{k=0}^{\lfloor \frac{n}{2} \rfloor} \frac{(k+2)^{n-2k}}{k!(n-2k)!}$$

4.4 分割（partition）

4.4.1

130 $a(n) = p(n)$

G.f.: $\displaystyle\sum_{k=0}^{\infty} p(k)x^k = \prod_{k=1}^{\infty} \frac{1}{1-x^k}$

131 $a(n) = p(5n+4)$ for $n \geq 0$.

G.f.: $\displaystyle\sum_{k=0}^{\infty} p(5k+4)x^k = 5\prod_{k=1}^{\infty} \frac{(1-x^{5k})^5}{(1-x^k)^6}$

132 $a(n) = p(7n+5)$ for $n \geq 0$.

G.f.: $\displaystyle\sum_{k=0}^{\infty} p(7k+5)x^k = 7\prod_{k=1}^{\infty} \frac{(1-x^{7k})^3}{(1-x^k)^4} + 49x\prod_{k=1}^{\infty} \frac{(1-x^{7k})^7}{(1-x^k)^8}$

133 $a(n)$ は、和因子が奇数であるような n の分割の個数

G.f.: $\displaystyle\prod_{k=1}^{\infty} \frac{1}{1-x^{2k-1}}$

G.f.: $\displaystyle\prod_{k=1}^{\infty} (1+x^k)$

134 $a(n)$ は、和因子が素数であるような n の分割の個数

G.f.: $\displaystyle\prod_{p:\text{prime}} \frac{1}{1-x^p}$

4.4.2

135 $a(n)$ は、和因子が 2 以下であるような n の分割の個数

G.f.: $\dfrac{1}{(1-x)(1-x^2)}$

136 $a(n)$ は、和因子が 3 以下であるような n の分割の個数

G.f.: $\dfrac{1}{(1-x)(1-x^2)(1-x^3)}$

137 $a(n)$ は、和因子が 4 以下であるような n の分割の個数

G.f.: $\dfrac{1}{(1-x)(1-x^2)(1-x^3)(1-x^4)}$

138 $a(n)$ は、和因子が 5 以下であるような n の分割の個数

G.f.: $\dfrac{1}{(1-x)(1-x^2)(1-x^3)(1-x^4)(1-x^5)}$

4.5　結合（composition）

4.5.1

139　$a(n)$ は、n の結合の個数

G.f.: $\dfrac{1}{1-\dfrac{x}{1-x}}$

140　$a(n)$ は、和因子が奇数であるような n の結合の個数

G.f.: $\dfrac{1}{1-\dfrac{x}{1-x^2}}$

141　$a(n)$ は、和因子が素数であるような n の結合の個数

G.f.: $\dfrac{1}{1-\displaystyle\sum_{p:\text{prime}} x^p}$

4.5.2

142 $a(n)$ は、和因子が 2 以下であるような n の結合の個数

G.f.: $\dfrac{1}{1-x-x^2}$

143 $a(n)$ は、和因子が 3 以下であるような n の結合の個数

G.f.: $\dfrac{1}{1-x-x^2-x^3}$

144 $a(n)$ は、和因子が 4 以下であるような n の結合の個数

G.f.: $\dfrac{1}{1-x-x^2-x^3-x^4}$

145 $a(n)$ は、和因子が 5 以下であるような n の結合の個数

G.f.: $\dfrac{1}{1-x-x^2-x^3-x^4-x^5}$

4.6　スターリング数

4.6.1

146　$a(n) = \begin{bmatrix} n \\ 1 \end{bmatrix}$

E.g.f.: $-\log(1-x)$

147　$a(n) = \begin{bmatrix} n \\ 2 \end{bmatrix}$

E.g.f.: $\dfrac{(-\log(1-x))^2}{2}$

148　$a(n) = \begin{bmatrix} n \\ 3 \end{bmatrix}$

E.g.f.: $\dfrac{(-\log(1-x))^3}{6}$

149　$a(n) = \begin{bmatrix} n \\ 4 \end{bmatrix}$

E.g.f.: $\dfrac{(-\log(1-x))^4}{24}$

150　$a(n) = \begin{bmatrix} n \\ 5 \end{bmatrix}$

E.g.f.: $\dfrac{(-\log(1-x))^5}{120}$

4.6.2

151 $a(n) = \left\{ {n \atop 1} \right\}$

G.f.: $\dfrac{x}{1-x}$

E.g.f.: $\exp(x) - 1$

152 $a(n) = \left\{ {n \atop 2} \right\}$

G.f.: $\dfrac{x^2}{(1-x)(1-2x)}$

E.g.f.: $\dfrac{(\exp(x)-1)^2}{2}$

153 $a(n) = \left\{ {n \atop 3} \right\}$

G.f.: $\dfrac{x^3}{(1-x)(1-2x)(1-3x)}$

E.g.f.: $\dfrac{(\exp(x)-1)^3}{6}$

154 $a(n) = \left\{ {n \atop 4} \right\}$

G.f.: $\dfrac{x^4}{(1-x)(1-2x)(1-3x)(1-4x)}$

E.g.f.: $\dfrac{(\exp(x)-1)^4}{24}$

155 $a(n) = \left\{ {n \atop 5} \right\}$

G.f.: $\dfrac{x^5}{(1-x)(1-2x)(1-3x)(1-4x)(1-5x)}$

E.g.f.: $\dfrac{(\exp(x)-1)^5}{120}$

4.7 スターリング数を $a(n)$ に含む数列と類似の数列 1

4.7.1

156 E.g.f.: $\dfrac{1}{1-x}$

$$a(n) = n! = \sum_{k=0}^{n} \begin{bmatrix} n \\ k \end{bmatrix}$$

157 E.g.f.: $\exp(\exp(x) - 1)$

$$a(n) = \sum_{k=0}^{n} \begin{Bmatrix} n \\ k \end{Bmatrix}$$

158 E.g.f.: $\dfrac{1}{1 + \log(1-x)}$

$$a(n) = \sum_{k=0}^{n} k! \begin{bmatrix} n \\ k \end{bmatrix}$$

159 E.g.f.: $\dfrac{1}{(1 + \log(1-x))^2}$

$$a(n) = \sum_{k=0}^{n} (k+1)! \begin{bmatrix} n \\ k \end{bmatrix}$$

160 E.g.f.: $\dfrac{1}{(1 + \log(1-x))^3}$

$$a(n) = \frac{1}{2} \sum_{k=0}^{n} (k+2)! \begin{bmatrix} n \\ k \end{bmatrix}$$

161 E.g.f.: $\dfrac{1}{2 - \exp(x)}$

$$a(n) = \sum_{k=0}^{n} k! \begin{Bmatrix} n \\ k \end{Bmatrix}$$

162　E.g.f.: $\dfrac{1}{(2-\exp(x))^2}$

$$a(n)=\sum_{k=0}^{n}(k+1)!\left\{{n \atop k}\right\}$$

163　E.g.f.: $\dfrac{1}{(2-\exp(x))^3}$

$$a(n)=\frac{1}{2}\sum_{k=0}^{n}(k+2)!\left\{{n \atop k}\right\}$$

4.7.2

164 E.g.f.: $\dfrac{1}{1-x\exp(x)}$

$$a(n)=n!\sum_{k=0}^{n}\frac{k^{n-k}}{(n-k)!}$$

165 E.g.f.: $\dfrac{1}{(1-x)^x}$

$$a(n)=n!\sum_{k=0}^{\lfloor \frac{n}{2}\rfloor}\frac{1}{(n-k)!}\begin{bmatrix}n-k\\k\end{bmatrix}$$

166 E.g.f.: $\exp(x(\exp(x)-1))$

$$a(n)=n!\sum_{k=0}^{\lfloor \frac{n}{2}\rfloor}\frac{1}{(n-k)!}\begin{Bmatrix}n-k\\k\end{Bmatrix}$$

167 E.g.f.: $\dfrac{1}{1+x\log(1-x)}$

$$a(n)=n!\sum_{k=0}^{\lfloor \frac{n}{2}\rfloor}\frac{k!}{(n-k)!}\begin{bmatrix}n-k\\k\end{bmatrix}$$

168 E.g.f.: $\dfrac{1}{(1+x\log(1-x))^2}$

$$a(n)=n!\sum_{k=0}^{\lfloor \frac{n}{2}\rfloor}\frac{(k+1)!}{(n-k)!}\begin{bmatrix}n-k\\k\end{bmatrix}$$

169 E.g.f.: $\dfrac{1}{(1+x\log(1-x))^3}$

$$a(n)=\frac{n!}{2}\sum_{k=0}^{\lfloor \frac{n}{2}\rfloor}\frac{(k+2)!}{(n-k)!}\begin{bmatrix}n-k\\k\end{bmatrix}$$

170　E.g.f.: $\dfrac{1}{1-x(\exp(x)-1)}$

$$a(n)=n!\sum_{k=0}^{\lfloor\frac{n}{2}\rfloor}\frac{k!}{(n-k)!}\left\{{n-k \atop k}\right\}$$

171　E.g.f.: $\dfrac{1}{(1-x(\exp(x)-1))^2}$

$$a(n)=n!\sum_{k=0}^{\lfloor\frac{n}{2}\rfloor}\frac{(k+1)!}{(n-k)!}\left\{{n-k \atop k}\right\}$$

172　E.g.f.: $\dfrac{1}{(1-x(\exp(x)-1))^3}$

$$a(n)=\frac{n!}{2}\sum_{k=0}^{\lfloor\frac{n}{2}\rfloor}\frac{(k+2)!}{(n-k)!}\left\{{n-k \atop k}\right\}$$

4.7.3

173　E.g.f.: $\dfrac{1}{1-x\exp(x^2)}$

$$a(n)=n!\sum_{k=0}^{\lfloor\frac{n}{2}\rfloor}\frac{(n-2k)^k}{k!}$$

174　E.g.f.: $\dfrac{1}{(1-x^2)^x}$

$$a(n)=n!\sum_{k=0}^{\lfloor\frac{n}{2}\rfloor}\frac{1}{k!}\begin{bmatrix}k\\n-2k\end{bmatrix}$$

175　E.g.f.: $\exp(x(\exp(x^2)-1))$

$$a(n)=n!\sum_{k=0}^{\lfloor\frac{n}{2}\rfloor}\frac{1}{k!}\begin{Bmatrix}k\\n-2k\end{Bmatrix}$$

176　E.g.f.: $\dfrac{1}{1+x\log(1-x^2)}$

$$a(n)=n!\sum_{k=0}^{\lfloor\frac{n}{2}\rfloor}\frac{(n-2k)!}{k!}\begin{bmatrix}k\\n-2k\end{bmatrix}$$

177　E.g.f.: $\dfrac{1}{(1+x\log(1-x^2))^2}$

$$a(n)=n!\sum_{k=0}^{\lfloor\frac{n}{2}\rfloor}\frac{(n-2k+1)!}{k!}\begin{bmatrix}k\\n-2k\end{bmatrix}$$

178　E.g.f.: $\dfrac{1}{(1+x\log(1-x^2))^3}$

$$a(n)=\frac{n!}{2}\sum_{k=0}^{\lfloor\frac{n}{2}\rfloor}\frac{(n-2k+2)!}{k!}\begin{bmatrix}k\\n-2k\end{bmatrix}$$

179　E.g.f.: $\dfrac{1}{1-x(\exp(x^2)-1)}$

$$a(n)=n!\sum_{k=0}^{\lfloor \frac{n}{2}\rfloor}\frac{(n-2k)!}{k!}\left\{\begin{matrix}k\\n-2k\end{matrix}\right\}$$

180　E.g.f.: $\dfrac{1}{(1-x(\exp(x^2)-1))^2}$

$$a(n)=n!\sum_{k=0}^{\lfloor \frac{n}{2}\rfloor}\frac{(n-2k+1)!}{k!}\left\{\begin{matrix}k\\n-2k\end{matrix}\right\}$$

181　E.g.f.: $\dfrac{1}{(1-x(\exp(x^2)-1))^3}$

$$a(n)=\frac{n!}{2}\sum_{k=0}^{\lfloor \frac{n}{2}\rfloor}\frac{(n-2k+2)!}{k!}\left\{\begin{matrix}k\\n-2k\end{matrix}\right\}$$

4.7.4

182 E.g.f.: $\dfrac{1}{1-x^2\exp(x)}$

$$a(n) = n!\sum_{k=0}^{\lfloor \frac{n}{2} \rfloor} \frac{k^{n-2k}}{(n-2k)!}$$

183 E.g.f.: $\dfrac{1}{(1-x)^{x^2}}$

$$a(n) = n!\sum_{k=0}^{\lfloor \frac{n}{3} \rfloor} \frac{1}{(n-2k)!}\begin{bmatrix} n-2k \\ k \end{bmatrix}$$

184 E.g.f.: $\exp(x^2(\exp(x)-1))$

$$a(n) = n!\sum_{k=0}^{\lfloor \frac{n}{3} \rfloor} \frac{1}{(n-2k)!}\begin{Bmatrix} n-2k \\ k \end{Bmatrix}$$

185 E.g.f.: $\dfrac{1}{1+x^2\log(1-x)}$

$$a(n) = n!\sum_{k=0}^{\lfloor \frac{n}{3} \rfloor} \frac{k!}{(n-2k)!}\begin{bmatrix} n-2k \\ k \end{bmatrix}$$

186 E.g.f.: $\dfrac{1}{(1+x^2\log(1-x))^2}$

$$a(n) = n!\sum_{k=0}^{\lfloor \frac{n}{3} \rfloor} \frac{(k+1)!}{(n-2k)!}\begin{bmatrix} n-2k \\ k \end{bmatrix}$$

187 E.g.f.: $\dfrac{1}{(1+x^2\log(1-x))^3}$

$$a(n) = \frac{n!}{2}\sum_{k=0}^{\lfloor \frac{n}{3} \rfloor} \frac{(k+2)!}{(n-2k)!}\begin{bmatrix} n-2k \\ k \end{bmatrix}$$

188 E.g.f.: $\dfrac{1}{1-x^2(\exp(x)-1)}$

$$a(n)=n!\sum_{k=0}^{\lfloor \frac{n}{3} \rfloor}\frac{k!}{(n-2k)!}\left\{ {n-2k \atop k} \right\}$$

189 E.g.f.: $\dfrac{1}{(1-x^2(\exp(x)-1))^2}$

$$a(n)=n!\sum_{k=0}^{\lfloor \frac{n}{3} \rfloor}\frac{(k+1)!}{(n-2k)!}\left\{ {n-2k \atop k} \right\}$$

190 E.g.f.: $\dfrac{1}{(1-x^2(\exp(x)-1))^3}$

$$a(n)=\frac{n!}{2}\sum_{k=0}^{\lfloor \frac{n}{3} \rfloor}\frac{(k+2)!}{(n-2k)!}\left\{ {n-2k \atop k} \right\}$$

4.7.5

191 E.g.f.: $\dfrac{1}{1-x}$

$$a(n) = n! = \sum_{k=0}^{n} \begin{bmatrix} n \\ k \end{bmatrix}$$

192 E.g.f.: $(1-x)^{\log(1-x)}$

$$a(n) = \sum_{k=0}^{\lfloor \frac{n}{2} \rfloor} \frac{(2k)!}{k!} \begin{bmatrix} n \\ 2k \end{bmatrix}$$

193 E.g.f.: $\dfrac{1}{(1-x)^{(\log(1-x))^2}}$

$$a(n) = \sum_{k=0}^{\lfloor \frac{n}{3} \rfloor} \frac{(3k)!}{k!} \begin{bmatrix} n \\ 3k \end{bmatrix}$$

194 E.g.f.: $(1-x)^{(\log(1-x))^3}$

$$a(n) = \sum_{k=0}^{\lfloor \frac{n}{4} \rfloor} \frac{(4k)!}{k!} \begin{bmatrix} n \\ 4k \end{bmatrix}$$

195 E.g.f.: $\dfrac{1}{(1-x)^{(\log(1-x))^4}}$

$$a(n) = \sum_{k=0}^{\lfloor \frac{n}{5} \rfloor} \frac{(5k)!}{k!} \begin{bmatrix} n \\ 5k \end{bmatrix}$$

4.7.6

196　E.g.f.: $\exp(\exp(x)-1)$

$$a(n)=\sum_{k=0}^{n}\left\{ n \atop k \right\}$$

197　E.g.f.: $\exp((\exp(x)-1)^2)$

$$a(n)=\sum_{k=0}^{\lfloor \frac{n}{2} \rfloor}\frac{(2k)!}{k!}\left\{ n \atop 2k \right\}$$

198　E.g.f.: $\exp((\exp(x)-1)^3)$

$$a(n)=\sum_{k=0}^{\lfloor \frac{n}{3} \rfloor}\frac{(3k)!}{k!}\left\{ n \atop 3k \right\}$$

199　E.g.f.: $\exp((\exp(x)-1)^4)$

$$a(n)=\sum_{k=0}^{\lfloor \frac{n}{4} \rfloor}\frac{(4k)!}{k!}\left\{ n \atop 4k \right\}$$

200　E.g.f.: $\exp((\exp(x)-1)^5)$

$$a(n)=\sum_{k=0}^{\lfloor \frac{n}{5} \rfloor}\frac{(5k)!}{k!}\left\{ n \atop 5k \right\}$$

4.7.7

201　E.g.f.: $\dfrac{1}{1+\log(1-x)}$

$$a(n)=\sum_{k=0}^{n} k! \begin{bmatrix} n \\ k \end{bmatrix}$$

202　E.g.f.: $\dfrac{1}{1-(\log(1-x))^2}$

$$a(n)=\sum_{k=0}^{\lfloor \frac{n}{2} \rfloor} (2k)! \begin{bmatrix} n \\ 2k \end{bmatrix}$$

203　E.g.f.: $\dfrac{1}{1+(\log(1-x))^3}$

$$a(n)=\sum_{k=0}^{\lfloor \frac{n}{3} \rfloor} (3k)! \begin{bmatrix} n \\ 3k \end{bmatrix}$$

204　E.g.f.: $\dfrac{1}{1-(\log(1-x))^4}$

$$a(n)=\sum_{k=0}^{\lfloor \frac{n}{4} \rfloor} (4k)! \begin{bmatrix} n \\ 4k \end{bmatrix}$$

205　E.g.f.: $\dfrac{1}{1+(\log(1-x))^5}$

$$a(n)=\sum_{k=0}^{\lfloor \frac{n}{5} \rfloor} (5k)! \begin{bmatrix} n \\ 5k \end{bmatrix}$$

4.7.8

206 E.g.f.: $\dfrac{1}{2-\exp(x)}$

$$a(n)=\sum_{k=0}^{n}k!\left\{ n \atop k \right\}$$

207 E.g.f.: $\dfrac{1}{1-(\exp(x)-1)^2}$

$$a(n)=\sum_{k=0}^{\lfloor \frac{n}{2} \rfloor}(2k)!\left\{ n \atop 2k \right\}$$

208 E.g.f.: $\dfrac{1}{1-(\exp(x)-1)^3}$

$$a(n)=\sum_{k=0}^{\lfloor \frac{n}{3} \rfloor}(3k)!\left\{ n \atop 3k \right\}$$

209 E.g.f.: $\dfrac{1}{1-(\exp(x)-1)^4}$

$$a(n)=\sum_{k=0}^{\lfloor \frac{n}{4} \rfloor}(4k)!\left\{ n \atop 4k \right\}$$

210 E.g.f.: $\dfrac{1}{1-(\exp(x)-1)^5}$

$$a(n)=\sum_{k=0}^{\lfloor \frac{n}{5} \rfloor}(5k)!\left\{ n \atop 5k \right\}$$

4.7.9

211　E.g.f.: $\dfrac{1}{1+\log(1-x)}$

$$a(n)=\sum_{k=0}^{n}k!\begin{bmatrix}n\\k\end{bmatrix}$$

212　E.g.f.: $\dfrac{1}{(1+\log(1-x))^2}$

$$a(n)=\sum_{k=0}^{n}(k+1)!\begin{bmatrix}n\\k\end{bmatrix}$$

213　E.g.f.: $\dfrac{1}{(1+\log(1-x))^3}$

$$a(n)=\frac{1}{2}\sum_{k=0}^{n}(k+2)!\begin{bmatrix}n\\k\end{bmatrix}$$

214　E.g.f.: $\dfrac{1}{(1+2\log(1-x))^{\frac{1}{2}}}$

$$a(n)=\sum_{k=0}^{n}\left(\prod_{j=0}^{k-1}(2j+1)\right)\begin{bmatrix}n\\k\end{bmatrix}$$

215　E.g.f.: $\dfrac{1}{1+2\log(1-x)}$

$$a(n)=\sum_{k=0}^{n}2^k k!\begin{bmatrix}n\\k\end{bmatrix}$$

216　E.g.f.: $\dfrac{1}{(1+2\log(1-x))^{\frac{3}{2}}}$

$$a(n)=\sum_{k=0}^{n}\left(\prod_{j=0}^{k-1}(2j+3)\right)\begin{bmatrix}n\\k\end{bmatrix}$$

217 E.g.f.: $\dfrac{1}{(1+2\log(1-x))^2}$

$$a(n)=\sum_{k=0}^{n}2^k(k+1)!\begin{bmatrix}n\\k\end{bmatrix}$$

218 E.g.f.: $\dfrac{1}{(1+2\log(1-x))^{\frac{5}{2}}}$

$$a(n)=\sum_{k=0}^{n}\left(\prod_{j=0}^{k-1}(2j+5)\right)\begin{bmatrix}n\\k\end{bmatrix}$$

219 E.g.f.: $\dfrac{1}{(1+2\log(1-x))^3}$

$$a(n)=\frac{1}{2}\sum_{k=0}^{n}2^k(k+2)!\begin{bmatrix}n\\k\end{bmatrix}$$

220 E.g.f.: $\dfrac{1}{(1+3\log(1-x))^{\frac{1}{3}}}$

$$a(n)=\sum_{k=0}^{n}\left(\prod_{j=0}^{k-1}(3j+1)\right)\begin{bmatrix}n\\k\end{bmatrix}$$

221 E.g.f.: $\dfrac{1}{(1+3\log(1-x))^{\frac{2}{3}}}$

$$a(n)=\sum_{k=0}^{n}\left(\prod_{j=0}^{k-1}(3j+2)\right)\begin{bmatrix}n\\k\end{bmatrix}$$

222 E.g.f.: $\dfrac{1}{1+3\log(1-x)}$

$$a(n)=\sum_{k=0}^{n}3^k k!\begin{bmatrix}n\\k\end{bmatrix}$$

223 E.g.f.: $\dfrac{1}{(1+3\log(1-x))^{\frac{4}{3}}}$

$$a(n)=\sum_{k=0}^{n}\left(\prod_{j=0}^{k-1}(3j+4)\right)\begin{bmatrix}n\\k\end{bmatrix}$$

224 E.g.f.: $\dfrac{1}{(1+3\log(1-x))^{\frac{5}{3}}}$

$$a(n)=\sum_{k=0}^{n}\left(\prod_{j=0}^{k-1}(3j+5)\right)\begin{bmatrix}n\\k\end{bmatrix}$$

225 E.g.f.: $\dfrac{1}{(1+3\log(1-x))^{2}}$

$$a(n)=\sum_{k=0}^{n}3^k(k+1)!\begin{bmatrix}n\\k\end{bmatrix}$$

226 E.g.f.: $\dfrac{1}{(1+3\log(1-x))^{3}}$

$$a(n)=\frac{1}{2}\sum_{k=0}^{n}3^k(k+2)!\begin{bmatrix}n\\k\end{bmatrix}$$

4.7.10

227 E.g.f.: $\dfrac{1}{2-\exp(x)}$

$$a(n)=\sum_{k=0}^{n}k!\left\{{n \atop k}\right\}$$

228 E.g.f.: $\dfrac{1}{(2-\exp(x))^2}$

$$a(n)=\sum_{k=0}^{n}(k+1)!\left\{{n \atop k}\right\}$$

229 E.g.f.: $\dfrac{1}{(2-\exp(x))^3}$

$$a(n)=\frac{1}{2}\sum_{k=0}^{n}(k+2)!\left\{{n \atop k}\right\}$$

230 E.g.f.: $\dfrac{1}{(3-2\exp(x))^{\frac{1}{2}}}$

$$a(n)=\sum_{k=0}^{n}\left(\prod_{j=0}^{k-1}(2j+1)\right)\left\{{n \atop k}\right\}$$

231 E.g.f.: $\dfrac{1}{3-2\exp(x)}$

$$a(n)=\sum_{k=0}^{n}2^k k!\left\{{n \atop k}\right\}$$

232 E.g.f.: $\dfrac{1}{(3-2\exp(x))^{\frac{3}{2}}}$

$$a(n)=\sum_{k=0}^{n}\left(\prod_{j=0}^{k-1}(2j+3)\right)\left\{{n \atop k}\right\}$$

233　E.g.f.: $\dfrac{1}{(3-2\exp(x))^2}$

$$a(n)=\sum_{k=0}^{n}2^k(k+1)!\left\{{n \atop k}\right\}$$

234　E.g.f.: $\dfrac{1}{(3-2\exp(x))^{\frac{5}{2}}}$

$$a(n)=\sum_{k=0}^{n}\left(\prod_{j=0}^{k-1}(2j+5)\right)\left\{{n \atop k}\right\}$$

235　E.g.f.: $\dfrac{1}{(3-2\exp(x))^3}$

$$a(n)=\frac{1}{2}\sum_{k=0}^{n}2^k(k+2)!\left\{{n \atop k}\right\}$$

236　E.g.f.: $\dfrac{1}{(4-3\exp(x))^{\frac{1}{3}}}$

$$a(n)=\sum_{k=0}^{n}\left(\prod_{j=0}^{k-1}(3j+1)\right)\left\{{n \atop k}\right\}$$

237　E.g.f.: $\dfrac{1}{(4-3\exp(x))^{\frac{2}{3}}}$

$$a(n)=\sum_{k=0}^{n}\left(\prod_{j=0}^{k-1}(3j+2)\right)\left\{{n \atop k}\right\}$$

238　E.g.f.: $\dfrac{1}{4-3\exp(x)}$

$$a(n)=\sum_{k=0}^{n}3^k k!\left\{{n \atop k}\right\}$$

239 E.g.f.: $\dfrac{1}{(4-3\exp(x))^{\frac{4}{3}}}$

$$a(n)=\sum_{k=0}^{n}\left(\prod_{j=0}^{k-1}(3j+4)\right)\left\{{n \atop k}\right\}$$

240 E.g.f.: $\dfrac{1}{(4-3\exp(x))^{\frac{5}{3}}}$

$$a(n)=\sum_{k=0}^{n}\left(\prod_{j=0}^{k-1}(3j+5)\right)\left\{{n \atop k}\right\}$$

241 E.g.f.: $\dfrac{1}{(4-3\exp(x))^{2}}$

$$a(n)=\sum_{k=0}^{n}3^k(k+1)!\left\{{n \atop k}\right\}$$

242 E.g.f.: $\dfrac{1}{(4-3\exp(x))^{3}}$

$$a(n)=\frac{1}{2}\sum_{k=0}^{n}3^k(k+2)!\left\{{n \atop k}\right\}$$

4.8　スターリング数を $a(n)$ に含む数列と類似の数列２

4.8.1

243　E.g.f.: $\dfrac{1}{1+\log(1-x)}$

$$a(n) = \sum_{k=0}^{n} k! \begin{bmatrix} n \\ k \end{bmatrix}$$

244　E.g.f. $A(x)$ が $A(x) = \dfrac{1}{1+\log(1-xA(x))}$ を満たす

$$a(n) = \frac{1}{(n+1)!} \sum_{k=0}^{n} (n+k)! \begin{bmatrix} n \\ k \end{bmatrix}$$

245　E.g.f. $A(x)$ が $A(x) = \dfrac{1}{1+\log(1-xA(x)^2)}$ を満たす

$$a(n) = \frac{1}{(2n+1)!} \sum_{k=0}^{n} (2n+k)! \begin{bmatrix} n \\ k \end{bmatrix}$$

246　E.g.f. $A(x)$ が $A(x) = \dfrac{1}{1+\log(1-xA(x)^3)}$ を満たす

$$a(n) = \frac{1}{(3n+1)!} \sum_{k=0}^{n} (3n+k)! \begin{bmatrix} n \\ k \end{bmatrix}$$

4.8.2

247　E.g.f.: $\dfrac{1}{2-\exp(x)}$

$$a(n) = \sum_{k=0}^{n} k! \left\{ {n \atop k} \right\}$$

248　E.g.f. $A(x)$ が $A(x) = \dfrac{1}{2-\exp(xA(x))}$ を満たす

$$a(n) = \frac{1}{(n+1)!} \sum_{k=0}^{n} (n+k)! \left\{ {n \atop k} \right\}$$

249　E.g.f. $A(x)$ が $A(x) = \dfrac{1}{2-\exp(xA(x)^2)}$ を満たす

$$a(n) = \frac{1}{(2n+1)!} \sum_{k=0}^{n} (2n+k)! \left\{ {n \atop k} \right\}$$

250　E.g.f. $A(x)$ が $A(x) = \dfrac{1}{2-\exp(xA(x)^3)}$ を満たす

$$a(n) = \frac{1}{(3n+1)!} \sum_{k=0}^{n} (3n+k)! \left\{ {n \atop k} \right\}$$

4.8.3

251　E.g.f. $A(x)$ が $A(x)=\dfrac{1}{1-xA(x)}$ を満たす

$$a(n)=\sum_{k=0}^{n}(n+1)^{k-1}\begin{bmatrix}n\\k\end{bmatrix}=\frac{(2n)!}{(n+1)!}$$

252　E.g.f. $A(x)$ が $A(x)=\exp(\exp(xA(x))-1)$ を満たす

$$a(n)=\sum_{k=0}^{n}(n+1)^{k-1}\begin{Bmatrix}n\\k\end{Bmatrix}$$

253　E.g.f. $A(x)$ が $A(x)=\dfrac{1}{1+\log(1-xA(x))}$ を満たす

$$a(n)=\frac{1}{(n+1)!}\sum_{k=0}^{n}(n+k)!\begin{bmatrix}n\\k\end{bmatrix}$$

254　E.g.f. $A(x)$ が $A(x)=\dfrac{1}{2-\exp(xA(x))}$ を満たす

$$a(n)=\frac{1}{(n+1)!}\sum_{k=0}^{n}(n+k)!\begin{Bmatrix}n\\k\end{Bmatrix}$$

4.8.4

255　E.g.f. $A(x)$ が $A(x)=\dfrac{1}{1-x\exp(xA(x))}$ を満たす

$$a(n)=n!\sum_{k=0}^{n}\frac{k^{n-k}}{(n+1)(n-k)!}\binom{n+1}{k}$$

256　E.g.f. $A(x)$ が $A(x)=\dfrac{1}{(1-xA(x))^{x}}$ を満たす

$$a(n)=n!\sum_{k=0}^{\lfloor\frac{n}{2}\rfloor}\frac{(n-k+1)^{k-1}}{(n-k)!}\begin{bmatrix}n-k\\k\end{bmatrix}$$

257　E.g.f. $A(x)$ が $A(x)=\exp(x(\exp(xA(x))-1))$ を満たす

$$a(n)=n!\sum_{k=0}^{\lfloor\frac{n}{2}\rfloor}\frac{(n-k+1)^{k-1}}{(n-k)!}\begin{Bmatrix}n-k\\k\end{Bmatrix}$$

258　E.g.f. $A(x)$ が $A(x)=\dfrac{1}{1+x\log(1-xA(x))}$ を満たす

$$a(n)=(n!)^{2}\sum_{k=0}^{\lfloor\frac{n}{2}\rfloor}\frac{1}{(n-k+1)!(n-k)!}\begin{bmatrix}n-k\\k\end{bmatrix}$$

259　E.g.f. $A(x)$ が $A(x)=\dfrac{1}{1-x(\exp(xA(x))-1)}$ を満たす

$$a(n)=(n!)^{2}\sum_{k=0}^{\lfloor\frac{n}{2}\rfloor}\frac{1}{(n-k+1)!(n-k)!}\begin{Bmatrix}n-k\\k\end{Bmatrix}$$

4.8.5

260 E.g.f. $A(x)$ が $A(x) = \dfrac{1}{1 - x\exp(x^2A(x))}$ を満たす

$$a(n) = n!\sum_{k=0}^{\lfloor \frac{n}{2} \rfloor} \frac{(n-2k)^k}{(n-k+1)k!}\binom{n-k+1}{n-2k}$$

261 E.g.f. $A(x)$ が $A(x) = \dfrac{1}{(1 - x^2A(x))^x}$ を満たす

$$a(n) = n!\sum_{k=0}^{\lfloor \frac{n}{2} \rfloor} \frac{(k+1)^{n-2k-1}}{k!}\begin{bmatrix} k \\ n-2k \end{bmatrix}$$

262 E.g.f. $A(x)$ が $A(x) = \exp(x(\exp(x^2A(x)) - 1))$ を満たす

$$a(n) = n!\sum_{k=0}^{\lfloor \frac{n}{2} \rfloor} \frac{(k+1)^{n-2k-1}}{k!}\begin{Bmatrix} k \\ n-2k \end{Bmatrix}$$

263 E.g.f. $A(x)$ が $A(x) = \dfrac{1}{1 + x\log(1 - x^2A(x))}$ を満たす

$$a(n) = n!\sum_{k=0}^{\lfloor \frac{n}{2} \rfloor} \frac{(n-k)!}{(k+1)!k!}\begin{bmatrix} k \\ n-2k \end{bmatrix}$$

264 E.g.f. $A(x)$ が $A(x) = \dfrac{1}{1 - x(\exp(x^2A(x)) - 1)}$ を満たす

$$a(n) = n!\sum_{k=0}^{\lfloor \frac{n}{2} \rfloor} \frac{(n-k)!}{(k+1)!k!}\begin{Bmatrix} k \\ n-2k \end{Bmatrix}$$

4.8.6

265 E.g.f. $A(x)$ が $A(x)=\dfrac{1}{1-x^2\exp(xA(x))}$ を満たす

$$a(n)=n!\sum_{k=0}^{\lfloor\frac{n}{2}\rfloor}\frac{k^{n-2k}}{(n-k+1)(n-2k)!}\binom{n-k+1}{k}$$

266 E.g.f. $A(x)$ が $A(x)=\dfrac{1}{(1-xA(x))^{x^2}}$ を満たす

$$a(n)=n!\sum_{k=0}^{\lfloor\frac{n}{3}\rfloor}\frac{(n-2k+1)^{k-1}}{(n-2k)!}\left[{n-2k \atop k}\right]$$

267 E.g.f. $A(x)$ が $A(x)=\exp(x^2(\exp(xA(x))-1))$ を満たす

$$a(n)=n!\sum_{k=0}^{\lfloor\frac{n}{3}\rfloor}\frac{(n-2k+1)^{k-1}}{(n-2k)!}\left\{{n-2k \atop k}\right\}$$

268 E.g.f. $A(x)$ が $A(x)=\dfrac{1}{1+x^2\log(1-xA(x))}$ を満たす

$$a(n)=n!\sum_{k=0}^{\lfloor\frac{n}{3}\rfloor}\frac{(n-k)!}{(n-2k+1)!(n-2k)!}\left[{n-2k \atop k}\right]$$

269 E.g.f. $A(x)$ が $A(x)=\dfrac{1}{1-x^2(\exp(xA(x))-1)}$ を満たす

$$a(n)=n!\sum_{k=0}^{\lfloor\frac{n}{3}\rfloor}\frac{(n-k)!}{(n-2k+1)!(n-2k)!}\left\{{n-2k \atop k}\right\}$$

4.9 $\sum_{d|n}$ を $a(n)$ に含む数列と類似の数列

4.9.1

270 G.f.: $\displaystyle\sum_{k=1}^{\infty}\frac{x^k}{1-x^k}$

$$a(n)=\sum_{d|n}1=\sigma_0(n)$$

271 G.f.: $\displaystyle\sum_{k=2}^{\infty}\frac{x^k}{1-x^k}$

$$a(n)=\sum_{\substack{d|n\\d\geq 2}}1$$

G.f.: $\displaystyle\sum_{k=1}^{\infty}\frac{x^{2k}}{1-x^k}$

272 G.f.: $\displaystyle\sum_{k=3}^{\infty}\frac{x^k}{1-x^k}$

$$a(n)=\sum_{\substack{d|n\\d\geq 3}}1$$

G.f.: $\displaystyle\sum_{k=1}^{\infty}\frac{x^{3k}}{1-x^k}$

273 G.f.: $\displaystyle\sum_{k=4}^{\infty}\frac{x^k}{1-x^k}$

$$a(n)=\sum_{\substack{d|n\\d\geq 4}}1$$

G.f.: $\displaystyle\sum_{k=1}^{\infty}\frac{x^{4k}}{1-x^k}$

274　G.f.: $\displaystyle\sum_{k=5}^{\infty}\frac{x^k}{1-x^k}$

$$a(n)=\sum_{\substack{d|n\\ d\geq 5}}1$$

G.f.: $\displaystyle\sum_{k=1}^{\infty}\frac{x^{5k}}{1-x^k}$

4.9.2

275 G.f.: $\displaystyle\sum_{k=1}^{\infty}\frac{x^k}{(1-x^k)^2}$

$$a(n)=\sum_{d|n}d=\sigma(n)$$

276 G.f.: $\displaystyle\sum_{k=1}^{\infty}\frac{x^k}{(1-x^k)^3}$

$$a(n)=\sum_{d|n}\binom{d+1}{2}$$

277 G.f.: $\displaystyle\sum_{k=1}^{\infty}\frac{x^k}{(1-x^k)^4}$

$$a(n)=\sum_{d|n}\binom{d+2}{3}$$

278 G.f.: $\displaystyle\sum_{k=1}^{\infty}\frac{x^k}{(1-x^k)^5}$

$$a(n)=\sum_{d|n}\binom{d+3}{4}$$

279 G.f.: $\displaystyle\sum_{k=1}^{\infty}\frac{x^k}{(1-x^k)^6}$

$$a(n)=\sum_{d|n}\binom{d+4}{5}$$

4.9.3

280 G.f.: $\displaystyle\sum_{k=1}^{\infty}\frac{x^k}{1-x^k}$

$$a(n)=\sum_{d|n}1=\sigma_0(n)$$

281 G.f.: $\displaystyle\sum_{k=1}^{\infty}\left(\frac{x^k}{1-x^k}\right)^2$

$$a(n)=\sum_{d|n}(d-1)$$

282 G.f.: $\displaystyle\sum_{k=1}^{\infty}\left(\frac{x^k}{1-x^k}\right)^3$

$$a(n)=\sum_{d|n}\binom{d-1}{2}$$

283 G.f.: $\displaystyle\sum_{k=1}^{\infty}\left(\frac{x^k}{1-x^k}\right)^4$

$$a(n)=\sum_{d|n}\binom{d-1}{3}$$

4.9.4

284　G.f.: $\displaystyle\sum_{k=1}^{\infty} \frac{x^k}{(1-x^k)^2}$

$$a(n) = \sum_{d|n} d = \sigma(n)$$

285　G.f.: $\displaystyle\sum_{k=1}^{\infty} \frac{x^{2k}}{(1-x^k)^3}$

$$a(n) = \sum_{d|n} \binom{d}{2}$$

286　G.f.: $\displaystyle\sum_{k=1}^{\infty} \frac{x^{3k}}{(1-x^k)^4}$

$$a(n) = \sum_{d|n} \binom{d}{3}$$

287　G.f.: $\displaystyle\sum_{k=1}^{\infty} \frac{x^{4k}}{(1-x^k)^5}$

$$a(n) = \sum_{d|n} \binom{d}{4}$$

4.9.5

288 G.f.: $\displaystyle\sum_{k=1}^{\infty} \frac{x^k}{1-kx^k}$

$$a(n) = \sum_{d|n} d^{\frac{n}{d}-1}$$

289 G.f.: $\displaystyle\sum_{k=1}^{\infty} \frac{kx^k}{1-kx^k}$

$$a(n) = \sum_{d|n} d^{\frac{n}{d}}$$

290 G.f.: $\displaystyle\sum_{k=1}^{\infty} \frac{k^k x^k}{1-x^k}$

$$a(n) = \sum_{d|n} d^d$$

291 G.f.: $\displaystyle\sum_{k=1}^{\infty} \frac{k^k x^k}{1-kx^k}$

$$a(n) = \sum_{d|n} d^{d+\frac{n}{d}-1}$$

292 G.f.: $\displaystyle\sum_{k=1}^{\infty} \frac{k^{k+1} x^k}{1-kx^k}$

$$a(n) = \sum_{d|n} d^{d+\frac{n}{d}}$$

293 G.f.: $\displaystyle\sum_{k=1}^{\infty} \frac{k^{k-1} x^k}{1-k^{k-1}x^k}$

$$a(n) = \sum_{d|n} d^{n-\frac{n}{d}}$$

294 G.f.: $\displaystyle\sum_{k=1}^{\infty} \frac{x^k}{1-k^k x^k}$

$$a(n) = \sum_{d|n} d^{n-d}$$

295 G.f.: $\displaystyle\sum_{k=1}^{\infty} \frac{k^k x^k}{1-k^k x^k}$

$$a(n) = \sum_{d|n} d^n$$

4.9.6

296　G.f.: $\displaystyle\sum_{k=1}^{\infty}\frac{x^k}{(1-x^k)^k}$

$$a(n)=\sum_{d|n}\binom{d+\frac{n}{d}-2}{d-1}$$

297　G.f.: $\displaystyle\sum_{k=1}^{\infty}\frac{kx^k}{(1-kx^k)^k}$

$$a(n)=\sum_{d|n}d^{\frac{n}{d}}\binom{d+\frac{n}{d}-2}{d-1}$$

298　G.f.: $\displaystyle\sum_{k=1}^{\infty}\frac{k^kx^k}{(1-x^k)^k}$

$$a(n)=\sum_{d|n}d^{d}\binom{d+\frac{n}{d}-2}{d-1}$$

299　G.f.: $\displaystyle\sum_{k=1}^{\infty}\frac{k^kx^k}{(1-k^kx^k)^k}$

$$a(n)=\sum_{d|n}d^{n}\binom{d+\frac{n}{d}-2}{d-1}$$

4.9.7

300 G.f.: $\displaystyle\sum_{k=1}^{\infty}\frac{x^k}{(1-x^k)^{k+1}}$

$$a(n)=\sum_{d|n}\binom{d+\frac{n}{d}-1}{d}$$

301 G.f.: $\displaystyle\sum_{k=1}^{\infty}\frac{kx^k}{(1-kx^k)^{k+1}}$

$$a(n)=\sum_{d|n}d^{\frac{n}{d}}\binom{d+\frac{n}{d}-1}{d}$$

302 G.f.: $\displaystyle\sum_{k=1}^{\infty}\frac{k^kx^k}{(1-x^k)^{k+1}}$

$$a(n)=\sum_{d|n}d^d\binom{d+\frac{n}{d}-1}{d}$$

303 G.f.: $\displaystyle\sum_{k=1}^{\infty}\frac{k^kx^k}{(1-k^kx^k)^{k+1}}$

$$a(n)=\sum_{d|n}d^n\binom{d+\frac{n}{d}-1}{d}$$

4.9.8

304 G.f.: $\displaystyle\sum_{k=1}^{\infty}\frac{x^{k^2}}{(1-x^k)^k}$

$$a(n)=\sum_{d|n}\binom{\frac{n}{d}-1}{d-1}$$

305 G.f.: $\displaystyle\sum_{k=1}^{\infty}\left(\frac{kx^k}{1-kx^k}\right)^k$

$$a(n)=\sum_{d|n}d^{\frac{n}{d}}\binom{\frac{n}{d}-1}{d-1}$$

306 G.f.: $\displaystyle\sum_{k=1}^{\infty}\left(\frac{kx^k}{1-x^k}\right)^k$

$$a(n)=\sum_{d|n}d^{d}\binom{\frac{n}{d}-1}{d-1}$$

307 G.f.: $\displaystyle\sum_{k=1}^{\infty}\left(\frac{k^kx^k}{1-k^kx^k}\right)^k$

$$a(n)=\sum_{d|n}d^{n}\binom{\frac{n}{d}-1}{d-1}$$

4.9.9

308　G.f.: $\displaystyle\sum_{k=1}^{\infty}\frac{x^{k^2}}{(1-x^k)^{k+1}}$

$$a(n)=\sum_{d|n}\binom{\frac{n}{d}}{d}$$

309　G.f.: $\displaystyle\sum_{k=1}^{\infty}\frac{(kx^k)^k}{(1-kx^k)^{k+1}}$

$$a(n)=\sum_{d|n}d^{\frac{n}{d}}\binom{\frac{n}{d}}{d}$$

310　G.f.: $\displaystyle\sum_{k=1}^{\infty}\frac{(kx^k)^k}{(1-x^k)^{k+1}}$

$$a(n)=\sum_{d|n}d^{d}\binom{\frac{n}{d}}{d}$$

311　G.f.: $\displaystyle\sum_{k=1}^{\infty}\frac{(k^kx^k)^k}{(1-k^kx^k)^{k+1}}$

$$a(n)=\sum_{d|n}d^{n}\binom{\frac{n}{d}}{d}$$

4.10 $\gcd(x_1, x_2, \cdots,)$ に関係する数列

4.10.1

312 $a(n) = \displaystyle\sum_{1\le x_1\le n} \gcd(x_1, n)$

$$a(n) = \sum_{d|n} \phi\left(\frac{n}{d}\right) d$$

G.f.: $\displaystyle\sum_{k=1}^{\infty} \frac{\phi(k)x^k}{(1-x^k)^2}$

313 $a(n) = \displaystyle\sum_{1\le x_1\le x_2\le n} \gcd(x_1, x_2, n)$

$$a(n) = \sum_{d|n} \phi\left(\frac{n}{d}\right) \binom{d+1}{2}$$

G.f.: $\displaystyle\sum_{k=1}^{\infty} \frac{\phi(k)x^k}{(1-x^k)^3}$

314 $a(n) = \displaystyle\sum_{1\le x_1\le x_2\le x_3\le n} \gcd(x_1, x_2, x_3, n)$

$$a(n) = \sum_{d|n} \phi\left(\frac{n}{d}\right) \binom{d+2}{3}$$

G.f.: $\displaystyle\sum_{k=1}^{\infty} \frac{\phi(k)x^k}{(1-x^k)^4}$

315 $a(n) = \displaystyle\sum_{1\le x_1\le x_2\le x_3\le x_4\le n} \gcd(x_1, x_2, x_3, x_4, n)$

$$a(n) = \sum_{d|n} \phi\left(\frac{n}{d}\right) \binom{d+3}{4}$$

G.f.: $\displaystyle\sum_{k=1}^{\infty} \frac{\phi(k)x^k}{(1-x^k)^5}$

4.10.2

316 $a(n) = \sum_{1 \le x_1 \le x_2 \le n} \gcd(x_1, x_2)$

$$a(n) = \sum_{k=1}^{n} \phi(k) \binom{\lfloor \frac{n}{k} \rfloor + 1}{2}$$

G.f.: $\dfrac{1}{1-x} \sum_{k=1}^{\infty} \dfrac{\phi(k) x^k}{(1-x^k)^2}$

317 $a(n) = \sum_{1 \le x_1 \le x_2 \le x_3 \le n} \gcd(x_1, x_2, x_3)$

$$a(n) = \sum_{k=1}^{n} \phi(k) \binom{\lfloor \frac{n}{k} \rfloor + 2}{3}$$

G.f.: $\dfrac{1}{1-x} \sum_{k=1}^{\infty} \dfrac{\phi(k) x^k}{(1-x^k)^3}$

318 $a(n) = \sum_{1 \le x_1 \le x_2 \le x_3 \le x_4 \le n} \gcd(x_1, x_2, x_3, x_4)$

$$a(n) = \sum_{k=1}^{n} \phi(k) \binom{\lfloor \frac{n}{k} \rfloor + 3}{4}$$

G.f.: $\dfrac{1}{1-x} \sum_{k=1}^{\infty} \dfrac{\phi(k) x^k}{(1-x^k)^4}$

4.11 Eulerian number が現れるもの

4.11.1

319 $a(n) = n$

G.f.: $\dfrac{x}{(1-x)^2}$

320 $a(n) = n^2$

G.f.: $\dfrac{x(1+x)}{(1-x)^3}$

321 $a(n) = n^3$

G.f.: $\dfrac{x(1+4x+x^2)}{(1-x)^4}$

322 $a(n) = n^4$

G.f.: $\dfrac{x(1+11x+11x^2+x^3)}{(1-x)^5}$

4.11.2

323 $a(n) = \sum_{k=1}^{n} k$

G.f.: $\dfrac{x}{(1-x)^3}$

324 $a(n) = \sum_{k=1}^{n} k^2$

G.f.: $\dfrac{x(1+x)}{(1-x)^4}$

325 $a(n) = \sum_{k=1}^{n} k^3$

G.f.: $\dfrac{x(1+4x+x^2)}{(1-x)^5}$

326 $a(n) = \sum_{k=1}^{n} k^4$

G.f.: $\dfrac{x(1+11x+11x^2+x^3)}{(1-x)^6}$

4.11.3

327 $a(n) = \sigma(n)$

G.f.: $\displaystyle\sum_{k=1}^{\infty} \frac{x^k}{(1-x^k)^2}$

328 $a(n) = \sigma_2(n)$

G.f.: $\displaystyle\sum_{k=1}^{\infty} \frac{x^k(1+x^k)}{(1-x^k)^3}$

329 $a(n) = \sigma_3(n)$

G.f.: $\displaystyle\sum_{k=1}^{\infty} \frac{x^k(1+4x^k+x^{2k})}{(1-x^k)^4}$

330 $a(n) = \sigma_4(n)$

G.f.: $\displaystyle\sum_{k=1}^{\infty} \frac{x^k(1+11x^k+11x^{2k}+x^{3k})}{(1-x^k)^5}$

4.11.4

331 $a(n) = \phi(n)$

G.f.: $\displaystyle\sum_{k=1}^{\infty} \frac{\mu(k)x^k}{(1-x^k)^2}$

332 $a(n) = J_2(n)$

G.f.: $\displaystyle\sum_{k=1}^{\infty} \frac{\mu(k)x^k(1+x^k)}{(1-x^k)^3}$

333 $a(n) = J_3(n)$

G.f.: $\displaystyle\sum_{k=1}^{\infty} \frac{\mu(k)x^k(1+4x^k+x^{2k})}{(1-x^k)^4}$

334 $a(n) = J_4(n)$

G.f.: $\displaystyle\sum_{k=1}^{\infty} \frac{\mu(k)x^k(1+11x^k+11x^{2k}+x^{3k})}{(1-x^k)^5}$

4.11.5

335 $a(n) = \sum_{k=1}^{n} \gcd(k,n)$

$$a(n) = \sum_{d|n} \phi\left(\frac{n}{d}\right) d$$

G.f.: $\displaystyle\sum_{k=1}^{\infty} \frac{\phi(k)x^k}{(1-x^k)^2}$

336 $a(n) = \sum_{k=1}^{n} \gcd(k,n)^2$

$$a(n) = \sum_{d|n} \phi\left(\frac{n}{d}\right) d^2$$

G.f.: $\displaystyle\sum_{k=1}^{\infty} \frac{\phi(k)x^k(1+x^k)}{(1-x^k)^3}$

337 $a(n) = \sum_{k=1}^{n} \gcd(k,n)^3$

$$a(n) = \sum_{d|n} \phi\left(\frac{n}{d}\right) d^3$$

G.f.: $\displaystyle\sum_{k=1}^{\infty} \frac{\phi(k)x^k(1+4x^k+x^{2k})}{(1-x^k)^4}$

338 $a(n) = \sum_{k=1}^{n} \gcd(k,n)^4$

$$a(n) = \sum_{d|n} \phi\left(\frac{n}{d}\right) d^4$$

G.f.: $\displaystyle\sum_{k=1}^{\infty} \frac{\phi(k)x^k(1+11x^k+11x^{2k}+x^{3k})}{(1-x^k)^5}$

4.11.6

339 $a(n) = \sum_{1 \le x_1, x_2 \le n} \gcd(x_1, x_2)$

$$a(n) = \sum_{k=1}^{n} \phi(k) \left\lfloor \frac{n}{k} \right\rfloor^2$$

G.f.: $\dfrac{1}{1-x} \sum_{k=1}^{\infty} \dfrac{\phi(k) x^k (1 + x^k)}{(1 - x^k)^2}$

340 $a(n) = \sum_{1 \le x_1, x_2, x_3 \le n} \gcd(x_1, x_2, x_3)$

$$a(n) = \sum_{k=1}^{n} \phi(k) \left\lfloor \frac{n}{k} \right\rfloor^3$$

G.f.: $\dfrac{1}{1-x} \sum_{k=1}^{\infty} \dfrac{\phi(k) x^k (1 + 4x^k + x^{2k})}{(1 - x^k)^3}$

341 $a(n) = \sum_{1 \le x_1, x_2, x_3, x_4 \le n} \gcd(x_1, x_2, x_3, x_4)$

$$a(n) = \sum_{k=1}^{n} \phi(k) \left\lfloor \frac{n}{k} \right\rfloor^4$$

G.f.: $\dfrac{1}{1-x} \sum_{k=1}^{\infty} \dfrac{\phi(k) x^k (1 + 11x^k + 11x^{2k} + x^{3k})}{(1 - x^k)^4}$

4.12　関-ベルヌーイ数を含むもの

4.12.1

342　$a(n) = B_n$

E.g.f.: $\dfrac{x\exp(x)}{\exp(x)-1}$

343　$a(n) = \begin{cases} \dfrac{(-1)^{\frac{n-1}{2}} 2^{n+1}(2^{n+1}-1)B_{n+1}}{n+1} & n\text{ が奇数の場合,} \\ 0 & n\text{ が偶数の場合.} \end{cases}$

E.g.f.: $\tan(x)$

4.13 Series Reversion

4.13.1

344 G.f.: $\left(\frac{1}{x}\right)\text{Series\_Reversion}(x(1-x))$

$$a(n)=\frac{1}{n+1}\binom{2n}{n}$$

345 G.f.: $\left(\left(\frac{1}{x}\right)\text{Series\_Reversion}(x(1-x)^2)\right)^{\frac{1}{2}}$

$$a(n)=\frac{1}{2n+1}\binom{3n}{n}$$

346 G.f.: $\left(\frac{1}{x}\right)\text{Series\_Reversion}(x(1-x)^2)$

$$a(n)=\frac{1}{n+1}\binom{3n+1}{n}$$

347 G.f.: $\left(\left(\frac{1}{x}\right)\text{Series\_Reversion}(x(1-x)^3)\right)^{\frac{1}{3}}$

$$a(n)=\frac{1}{3n+1}\binom{4n}{n}$$

348 G.f.: $\left(\left(\frac{1}{x}\right)\text{Series\_Reversion}(x(1-x)^3)\right)^{\frac{2}{3}}$

$$a(n)=\frac{2}{3n+2}\binom{4n+1}{n}$$

349 G.f.: $\left(\frac{1}{x}\right)\text{Series\_Reversion}(x(1-x)^3)$

$$a(n)=\frac{1}{n+1}\binom{4n+2}{n}$$

350 G.f.: $\left(\left(\frac{1}{x}\right)\text{Series\_Reversion}(x(1-x)^4)\right)^{\frac{1}{4}}$

$$a(n)=\frac{1}{4n+1}\binom{5n}{n}$$

351 G.f.: $\left(\left(\frac{1}{x}\right)\text{Series\_Reversion}(x(1-x)^4)\right)^{\frac{1}{2}}$

$$a(n)=\frac{2}{4n+2}\binom{5n+1}{n}$$

352 G.f.: $\left(\left(\frac{1}{x}\right)\text{Series\_Reversion}(x(1-x)^4)\right)^{\frac{3}{4}}$

$$a(n)=\frac{3}{4n+3}\binom{5n+2}{n}$$

353 G.f.: $\left(\frac{1}{x}\right)\text{Series\_Reversion}(x(1-x)^4)$

$$a(n)=\frac{1}{n+1}\binom{5n+3}{n}$$

4.13.2

354 G.f.: $\left(\frac{1}{x}\right)\text{Series\_Reversion}\left(\frac{x}{1+x}\right)$

$$a(n)=1$$

355 G.f.: $\left(\left(\frac{1}{x}\right)\text{Series\_Reversion}\left(\frac{x}{(1+x)^2}\right)\right)^{\frac{1}{2}}$

$$a(n)=\frac{1}{2n+1}\binom{2n+1}{n}$$

356 G.f.: $\left(\frac{1}{x}\right)\text{Series\_Reversion}\left(\frac{x}{(1+x)^2}\right)$

$$a(n)=\frac{1}{n+1}\binom{2(n+1)}{n}$$

357 G.f.: $\left(\left(\frac{1}{x}\right)\text{Series\_Reversion}\left(\frac{x}{(1+x)^3}\right)\right)^{\frac{1}{3}}$

$$a(n)=\frac{1}{3n+1}\binom{3n+1}{n}$$

358 G.f.: $\left(\left(\frac{1}{x}\right)\text{Series\_Reversion}\left(\frac{x}{(1+x)^3}\right)\right)^{\frac{2}{3}}$

$$a(n)=\frac{2}{3n+2}\binom{3n+2}{n}$$

359 G.f.: $\left(\frac{1}{x}\right)\text{Series\_Reversion}\left(\frac{x}{(1+x)^3}\right)$

$$a(n)=\frac{1}{n+1}\binom{3(n+1)}{n}$$

360　G.f.: $\left(\left(\frac{1}{x}\right)\text{Series\_Reversion}\left(\frac{x}{(1+x)^4}\right)\right)^{\frac{1}{4}}$

$$a(n) = \frac{1}{4n+1}\binom{4n+1}{n}$$

361　G.f.: $\left(\left(\frac{1}{x}\right)\text{Series\_Reversion}\left(\frac{x}{(1+x)^4}\right)\right)^{\frac{1}{2}}$

$$a(n) = \frac{2}{4n+2}\binom{4n+2}{n}$$

362　G.f.: $\left(\left(\frac{1}{x}\right)\text{Series\_Reversion}\left(\frac{x}{(1+x)^4}\right)\right)^{\frac{3}{4}}$

$$a(n) = \frac{3}{4n+3}\binom{4n+3}{n}$$

363　G.f.: $\left(\frac{1}{x}\right)\text{Series\_Reversion}\left(\frac{x}{(1+x)^4}\right)$

$$a(n) = \frac{1}{n+1}\binom{4(n+1)}{n}$$

4.13.3

364　G.f.: $\left(\frac{1}{x}\right)\text{Series\_Reversion}\left(\frac{x(1-x)}{1+x}\right)$

$$a(n)=\frac{1}{n+1}\sum_{k=0}^{n}\binom{n+k}{k}\binom{n+1}{n-k}$$

365　G.f.: $\left(\frac{1}{x}\right)\text{Series\_Reversion}\left(\frac{x(1-x)^2}{1+x}\right)$

$$a(n)=\frac{1}{n+1}\sum_{k=0}^{n}\binom{2n+k+1}{k}\binom{n+1}{n-k}$$

366　G.f.: $\left(\frac{1}{x}\right)\text{Series\_Reversion}\left(\frac{x(1-x)^3}{1+x}\right)$

$$a(n)=\frac{1}{n+1}\sum_{k=0}^{n}\binom{3n+k+2}{k}\binom{n+1}{n-k}$$

367　G.f.: $\left(\frac{1}{x}\right)\text{Series\_Reversion}\left(\frac{x(1-x)^4}{1+x}\right)$

$$a(n)=\frac{1}{n+1}\sum_{k=0}^{n}\binom{4n+k+3}{k}\binom{n+1}{n-k}$$

4.13.4

368 G.f.: $\left(\frac{1}{x}\right)\text{Series\_Reversion}\left(\frac{x(1-x)}{1+x}\right)$

$$a(n)=\frac{1}{n+1}\sum_{k=0}^{n}\binom{n+k}{k}\binom{n+1}{n-k}$$

369 G.f.: $\left(\frac{1}{x}\right)\text{Series\_Reversion}\left(\frac{x(1-x)}{(1+x)^2}\right)$

$$a(n)=\frac{1}{n+1}\sum_{k=0}^{n}\binom{n+k}{k}\binom{2(n+1)}{n-k}$$

370 G.f.: $\left(\frac{1}{x}\right)\text{Series\_Reversion}\left(\frac{x(1-x)}{(1+x)^3}\right)$

$$a(n)=\frac{1}{n+1}\sum_{k=0}^{n}\binom{n+k}{k}\binom{3(n+1)}{n-k}$$

371 G.f.: $\left(\frac{1}{x}\right)\text{Series\_Reversion}\left(\frac{x(1-x)}{(1+x)^4}\right)$

$$a(n)=\frac{1}{n+1}\sum_{k=0}^{n}\binom{n+k}{k}\binom{4(n+1)}{n-k}$$

4.13.5

372　G.f.: $\left(\frac{1}{x}\right)\text{Series\_Reversion}\left(x\left(1-\frac{x}{1-x}\right)\right)$

$$a(n)=\frac{1}{n+1}\sum_{k=0}^{n}\binom{n+k}{k}\binom{n-1}{n-k}$$

373　G.f.: $\left(\frac{1}{x}\right)\text{Series\_Reversion}\left(x\left(1-\frac{x}{(1-x)^2}\right)\right)$

$$a(n)=\frac{1}{n+1}\sum_{k=0}^{n}\binom{n+k}{k}\binom{n+k-1}{n-k}$$

374　G.f.: $\left(\frac{1}{x}\right)\text{Series\_Reversion}\left(x\left(1-\frac{x}{(1-x)^3}\right)\right)$

$$a(n)=\frac{1}{n+1}\sum_{k=0}^{n}\binom{n+k}{k}\binom{n+2k-1}{n-k}$$

4.13.6

375 E.g.f.: $\left(\frac{1}{x}\right)\text{Series\_Reversion}\left(x\exp\left(-\frac{x}{1-x}\right)\right)$

$$a(n)=n!\sum_{k=0}^{n}\frac{(n+1)^{k-1}}{k!}\binom{n-1}{n-k}$$

376 E.g.f.: $\left(\frac{1}{x}\right)\text{Series\_Reversion}\left(x\exp\left(-\frac{x}{(1-x)^2}\right)\right)$

$$a(n)=n!\sum_{k=0}^{n}\frac{(n+1)^{k-1}}{k!}\binom{n+k-1}{n-k}$$

377 E.g.f.: $\left(\frac{1}{x}\right)\text{Series\_Reversion}\left(x\exp\left(-\frac{x}{(1-x)^3}\right)\right)$

$$a(n)=n!\sum_{k=0}^{n}\frac{(n+1)^{k-1}}{k!}\binom{n+2k-1}{n-k}$$

4.13.7

378　G.f.: $\left(\frac{1}{x}\right)$Series_Reversion$(x(1-x(1+x)))$

$$a(n)=\frac{1}{n+1}\sum_{k=0}^{n}\binom{n+k}{k}\binom{k}{n-k}$$

379　G.f.: $\left(\frac{1}{x}\right)$Series_Reversion$(x(1-x(1+x)^2))$

$$a(n)=\frac{1}{n+1}\sum_{k=0}^{n}\binom{n+k}{k}\binom{2k}{n-k}$$

380　G.f.: $\left(\frac{1}{x}\right)$Series_Reversion$(x(1-x(1+x)^3))$

$$a(n)=\frac{1}{n+1}\sum_{k=0}^{n}\binom{n+k}{k}\binom{3k}{n-k}$$

4.13.8

381 E.g.f.: $\left(\frac{1}{x}\right)$Series_Reversion$(x\exp(-x(1+x)))$

$$a(n)=n!\sum_{k=0}^{n}\frac{(n+1)^{k-1}}{k!}\binom{k}{n-k}$$

382 E.g.f.: $\left(\frac{1}{x}\right)$Series_Reversion$(x\exp(-x(1+x)^2))$

$$a(n)=n!\sum_{k=0}^{n}\frac{(n+1)^{k-1}}{k!}\binom{2k}{n-k}$$

383 E.g.f.: $\left(\frac{1}{x}\right)$Series_Reversion$(x\exp(-x(1+x)^3))$

$$a(n)=n!\sum_{k=0}^{n}\frac{(n+1)^{k-1}}{k!}\binom{3k}{n-k}$$

4.13.9

384 G.f.: $\left(\frac{1}{x}\right)\text{Series\_Reversion}\left(x\left(1-\frac{x}{1-x}\right)\right)$

$$a(n)=\frac{1}{n+1}\sum_{k=0}^{n}\binom{n+k}{k}\binom{n-1}{n-k}$$

385 G.f.: $\left(\frac{1}{x}\right)\text{Series\_Reversion}\left(x\left(1-\frac{x^2}{1-x}\right)\right)$

$$a(n)=\frac{1}{n+1}\sum_{k=0}^{\lfloor\frac{n}{2}\rfloor}\binom{n+k}{k}\binom{n-k-1}{n-2k}$$

386 G.f.: $\left(\frac{1}{x}\right)\text{Series\_Reversion}\left(x\left(1-\frac{x^3}{1-x}\right)\right)$

$$a(n)=\frac{1}{n+1}\sum_{k=0}^{\lfloor\frac{n}{3}\rfloor}\binom{n+k}{k}\binom{n-2k-1}{n-3k}$$

387 G.f.: $\left(\frac{1}{x}\right)\text{Series\_Reversion}\left(x\left(1-\frac{x}{1-x^2}\right)\right)$

$$a(n)=\frac{1}{n+1}\sum_{k=0}^{\lfloor\frac{n}{2}\rfloor}\binom{2n-2k}{n-2k}\binom{n-k-1}{k}$$

388 G.f.: $\left(\frac{1}{x}\right)\text{Series\_Reversion}\left(x\left(1-\frac{x}{1-x^3}\right)\right)$

$$a(n)=\frac{1}{n+1}\sum_{k=0}^{\lfloor\frac{n}{3}\rfloor}\binom{2n-3k}{n-3k}\binom{n-2k-1}{k}$$

4.13.10

389　E.g.f.: $\left(\frac{1}{x}\right)\text{Series\_Reversion}\left(x\exp\left(-\frac{x}{1-x}\right)\right)$

$$a(n) = n!\sum_{k=0}^{n}\frac{(n+1)^{k-1}}{k!}\binom{n-1}{n-k}$$

390　E.g.f.: $\left(\frac{1}{x}\right)\text{Series\_Reversion}\left(x\exp\left(-\frac{x^2}{1-x}\right)\right)$

$$a(n) = n!\sum_{k=0}^{\lfloor\frac{n}{2}\rfloor}\frac{(n+1)^{k-1}}{k!}\binom{n-k-1}{n-2k}$$

391　E.g.f.: $\left(\frac{1}{x}\right)\text{Series\_Reversion}\left(x\exp\left(-\frac{x^3}{1-x}\right)\right)$

$$a(n) = n!\sum_{k=0}^{\lfloor\frac{n}{3}\rfloor}\frac{(n+1)^{k-1}}{k!}\binom{n-2k-1}{n-3k}$$

392　E.g.f.: $\left(\frac{1}{x}\right)\text{Series\_Reversion}\left(x\exp\left(-\frac{x}{1-x^2}\right)\right)$

$$a(n) = n!\sum_{k=0}^{\lfloor\frac{n}{2}\rfloor}\frac{(n+1)^{n-2k-1}}{(n-2k)!}\binom{n-k-1}{k}$$

393　E.g.f.: $\left(\frac{1}{x}\right)\text{Series\_Reversion}\left(x\exp\left(-\frac{x}{1-x^3}\right)\right)$

$$a(n) = n!\sum_{k=0}^{\lfloor\frac{n}{3}\rfloor}\frac{(n+1)^{n-3k-1}}{(n-3k)!}\binom{n-2k-1}{k}$$

4.13.11

394 G.f.: $\left(\frac{1}{x}\right)$Series_Reversion$(x(1-x(1+x)))$

$$a(n)=\frac{1}{n+1}\sum_{k=0}^{n}\binom{n+k}{k}\binom{k}{n-k}$$

395 G.f.: $\left(\frac{1}{x}\right)$Series_Reversion$(x(1-x^2(1+x)))$

$$a(n)=\frac{1}{n+1}\sum_{k=0}^{\lfloor\frac{n}{3}\rfloor}\binom{n+k}{k}\binom{k}{n-2k}$$

396 G.f.: $\left(\frac{1}{x}\right)$Series_Reversion$(x(1-x^3(1+x)))$

$$a(n)=\frac{1}{n+1}\sum_{k=0}^{\lfloor\frac{n}{3}\rfloor}\binom{n+k}{k}\binom{k}{n-3k}$$

397 G.f.: $\left(\frac{1}{x}\right)$Series_Reversion$(x(1+x(1+x^2)))$

$$a(n)=\frac{1}{n+1}\sum_{k=0}^{\lfloor\frac{n}{3}\rfloor}\binom{2n-2k}{n-2k}\binom{n-2k}{k}$$

398 G.f.: $\left(\frac{1}{x}\right)$Series_Reversion$(x(1+x(1+x^3)))$

$$a(n)=\frac{1}{n+1}\sum_{k=0}^{\lfloor\frac{n}{4}\rfloor}\binom{2n-3k}{n-3k}\binom{n-3k}{k}$$

4.13.12

399 E.g.f.: $\left(\frac{1}{x}\right)\text{Series\_Reversion}(x\exp(-x(1+x)))$

$$a(n) = n!\sum_{k=0}^{n}\frac{(n+1)^{k-1}}{k!}\binom{k}{n-k}$$

400 E.g.f.: $\left(\frac{1}{x}\right)\text{Series\_Reversion}(x\exp(-x^2(1+x)))$

$$a(n) = n!\sum_{k=0}^{\lfloor\frac{n}{2}\rfloor}\frac{(n+1)^{k-1}}{k!}\binom{k}{n-2k}$$

401 E.g.f.: $\left(\frac{1}{x}\right)\text{Series\_Reversion}(x\exp(-x^3(1+x)))$

$$a(n) = n!\sum_{k=0}^{\lfloor\frac{n}{3}\rfloor}\frac{(n+1)^{k-1}}{k!}\binom{k}{n-3k}$$

402 E.g.f.: $\left(\frac{1}{x}\right)\text{Series\_Reversion}(x\exp(-x(1+x^2)))$

$$a(n) = n!\sum_{k=0}^{\lfloor\frac{n}{3}\rfloor}\frac{(n+1)^{n-2k-1}}{(n-2k)!}\binom{n-2k}{k}$$

403 E.g.f.: $\left(\frac{1}{x}\right)\text{Series\_Reversion}(x\exp(-x(1+x^3)))$

$$a(n) = n!\sum_{k=0}^{\lfloor\frac{n}{4}\rfloor}\frac{(n+1)^{n-3k-1}}{(n-3k)!}\binom{n-3k}{k}$$

4.13.13

404 E.g.f.: $\left(\frac{1}{x}\right)$Series_Reversion$(x(1-x))$

$$a(n)=\sum_{k=0}^{n}(n+1)^{k-1}\left[{n \atop k}\right]=\frac{(2n)!}{(n+1)!}$$

405 E.g.f.: $\left(\frac{1}{x}\right)$Series_Reversion$(x\exp(1-\exp(x)))$

$$a(n)=\sum_{k=0}^{n}(n+1)^{k-1}\left\{{n \atop k}\right\}$$

406 E.g.f.: $\left(\frac{1}{x}\right)$Series_Reversion$(x(1+\log(1-x)))$

$$a(n)=\frac{1}{(n+1)!}\sum_{k=0}^{n}(n+k)!\left[{n \atop k}\right]$$

407 E.g.f.: $\left(\frac{1}{x}\right)$Series_Reversion$(x(1+\log(1-x))^2)$

$$a(n)=\frac{2}{(2n+2)!}\sum_{k=0}^{n}(2n+k+1)!\left[{n \atop k}\right]$$

408 E.g.f.: $\left(\frac{1}{x}\right)$Series_Reversion$(x(1+\log(1-x))^3)$

$$a(n)=\frac{3}{(3n+3)!}\sum_{k=0}^{n}(3n+k+2)!\left[{n \atop k}\right]$$

409 E.g.f.: $\left(\frac{1}{x}\right)$Series_Reversion$(x(2-\exp(x)))$

$$a(n)=\frac{1}{(n+1)!}\sum_{k=0}^{n}(n+k)!\left\{{n \atop k}\right\}$$

410 E.g.f.: $\left(\frac{1}{x}\right)$Series_Reversion$(x(2-\exp(x))^2)$

$$a(n) = \frac{2}{(2n+2)!}\sum_{k=0}^{n}(2n+k+1)!\left\{ {n \atop k} \right\}$$

411 E.g.f.: $\left(\frac{1}{x}\right)$Series_Reversion$(x(2-\exp(x))^3)$

$$a(n) = \frac{3}{(3n+3)!}\sum_{k=0}^{n}(3n+k+2)!\left\{ {n \atop k} \right\}$$

4.13.14

412　E.g.f.: $\left(\frac{1}{x}\right)$Series_Reversion$(x(1-x\exp(x)))$

$$a(n)=\frac{1}{n+1}\sum_{k=0}^{n}\frac{k^{n-k}(n+k)!}{(n-k)!k!}$$

413　E.g.f.: $\left(\frac{1}{x}\right)$Series_Reversion$(x(1-x)^{x})$

$$a(n)=n!\sum_{k=0}^{\lfloor\frac{n}{2}\rfloor}\frac{(n+1)^{k-1}}{(n-k)!}\begin{bmatrix}n-k\\k\end{bmatrix}$$

414　E.g.f.: $\left(\frac{1}{x}\right)$Series_Reversion$(x\exp(x(1-\exp(x))))$

$$a(n)=n!\sum_{k=0}^{\lfloor\frac{n}{2}\rfloor}\frac{(n+1)^{k-1}}{(n-k)!}\begin{Bmatrix}n-k\\k\end{Bmatrix}$$

415　E.g.f.: $\left(\frac{1}{x}\right)$Series_Reversion$(x(1+x\log(1-x)))$

$$a(n)=\frac{1}{n+1}\sum_{k=0}^{\lfloor\frac{n}{2}\rfloor}\frac{(n+k)!}{(n-k)!}\begin{bmatrix}n-k\\k\end{bmatrix}$$

416　E.g.f.: $\left(\frac{1}{x}\right)$Series_Reversion$(x(1+x\log(1-x))^{2})$

$$a(n)=\frac{2\cdot n!}{(2n+2)!}\sum_{k=0}^{\lfloor\frac{n}{2}\rfloor}\frac{(2n+k+1)!}{(n-k)!}\begin{bmatrix}n-k\\k\end{bmatrix}$$

417　E.g.f.: $\left(\frac{1}{x}\right)$Series_Reversion$(x(1+x\log(1-x))^{3})$

$$a(n)=\frac{3\cdot n!}{(3n+3)!}\sum_{k=0}^{\lfloor\frac{n}{2}\rfloor}\frac{(3n+k+2)!}{(n-k)!}\begin{bmatrix}n-k\\k\end{bmatrix}$$

418 E.g.f.: $\left(\frac{1}{x}\right)$Series_Reversion$(x(1-x(\exp(x)-1)))$

$$a(n)=\frac{1}{n+1}\sum_{k=0}^{\lfloor\frac{n}{2}\rfloor}\frac{(n+k)!}{(n-k)!}\left\{{n-k \atop k}\right\}$$

419 E.g.f.: $\left(\frac{1}{x}\right)$Series_Reversion$(x(1-x(\exp(x)-1))^2)$

$$a(n)=\frac{2\cdot n!}{(2n+2)!}\sum_{k=0}^{\lfloor\frac{n}{2}\rfloor}\frac{(2n+k+1)!}{(n-k)!}\left\{{n-k \atop k}\right\}$$

420 E.g.f.: $\left(\frac{1}{x}\right)$Series_Reversion$(x(1-x(\exp(x)-1))^3)$

$$a(n)=\frac{3\cdot n!}{(3n+3)!}\sum_{k=0}^{\lfloor\frac{n}{2}\rfloor}\frac{(3n+k+2)!}{(n-k)!}\left\{{n-k \atop k}\right\}$$

4.13.15

421　E.g.f.: $\left(\frac{1}{x}\right)$Series_Reversion$(x(1-x\exp(x^2)))$

$$a(n)=\frac{1}{n+1}\sum_{k=0}^{\lfloor\frac{n}{2}\rfloor}\frac{(n-2k)^k(2n-2k)!}{k!(n-2k)!}$$

422　E.g.f.: $\left(\frac{1}{x}\right)$Series_Reversion$(x(1-x^2)^x)$

$$a(n)=n!\sum_{k=0}^{\lfloor\frac{n}{2}\rfloor}\frac{(n+1)^{n-2k-1}}{k!}\begin{bmatrix}k\\n-2k\end{bmatrix}$$

423　E.g.f.: $\left(\frac{1}{x}\right)$Series_Reversion$(x\exp(x(1-\exp(x^2))))$

$$a(n)=n!\sum_{k=0}^{\lfloor\frac{n}{2}\rfloor}\frac{(n+1)^{n-2k-1}}{k!}\begin{Bmatrix}k\\n-2k\end{Bmatrix}$$

424　E.g.f.: $\left(\frac{1}{x}\right)$Series_Reversion$(x(1+x\log(1-x^2)))$

$$a(n)=\frac{1}{n+1}\sum_{k=0}^{\lfloor\frac{n}{2}\rfloor}\frac{(2n-2k)!}{k!}\begin{bmatrix}k\\n-2k\end{bmatrix}$$

425　E.g.f.: $\left(\frac{1}{x}\right)$Series_Reversion$(x(1+x\log(1-x^2))^2)$

$$a(n)=\frac{2\cdot n!}{(2n+2)!}\sum_{k=0}^{\lfloor\frac{n}{2}\rfloor}\frac{(3n-2k+1)!}{k!}\begin{bmatrix}k\\n-2k\end{bmatrix}$$

426　E.g.f.: $\left(\frac{1}{x}\right)$Series_Reversion$(x(1+x\log(1-x^2))^3)$

$$a(n)=\frac{3\cdot n!}{(3n+3)!}\sum_{k=0}^{\lfloor\frac{n}{2}\rfloor}\frac{(4n-2k+2)!}{k!}\begin{bmatrix}k\\n-2k\end{bmatrix}$$

427 E.g.f.: $\left(\frac{1}{x}\right)$Series_Reversion$(x(1-x(\exp(x^2)-1)))$

$$a(n)=\frac{1}{n+1}\sum_{k=0}^{\left\lfloor\frac{n}{2}\right\rfloor}\frac{(2n-2k)!}{k!}\left\{\begin{matrix}k\\n-2k\end{matrix}\right\}$$

428 E.g.f.: $\left(\frac{1}{x}\right)$Series_Reversion$(x(1-x(\exp(x^2)-1))^2)$

$$a(n)=\frac{2\cdot n!}{(2n+2)!}\sum_{k=0}^{\left\lfloor\frac{n}{2}\right\rfloor}\frac{(3n-2k+1)!}{k!}\left\{\begin{matrix}k\\n-2k\end{matrix}\right\}$$

429 E.g.f.: $\left(\frac{1}{x}\right)$Series_Reversion$(x(1-x(\exp(x^2)-1))^3)$

$$a(n)=\frac{3\cdot n!}{(3n+3)!}\sum_{k=0}^{\left\lfloor\frac{n}{2}\right\rfloor}\frac{(4n-2k+2)!}{k!}\left\{\begin{matrix}k\\n-2k\end{matrix}\right\}$$

4.13.16

430　E.g.f.: $\left(\frac{1}{x}\right)\text{Series\_Reversion}(x(1-x^2\exp(x)))$

$$a(n)=\frac{1}{n+1}\sum_{k=0}^{\lfloor\frac{n}{2}\rfloor}\frac{k^{n-2k}(n+k)!}{(n-2k)!k!}$$

431　E.g.f.: $\left(\frac{1}{x}\right)\text{Series\_Reversion}(x(1-x)^{x^2})$

$$a(n)=n!\sum_{k=0}^{\lfloor\frac{n}{3}\rfloor}\frac{(n+1)^{k-1}}{(n-2k)!}\begin{bmatrix}n-2k\\k\end{bmatrix}$$

432　E.g.f.: $\left(\frac{1}{x}\right)\text{Series\_Reversion}(x\exp(x^2(1-\exp(x))))$

$$a(n)=n!\sum_{k=0}^{\lfloor\frac{n}{3}\rfloor}\frac{(n+1)^{k-1}}{(n-2k)!}\begin{Bmatrix}n-2k\\k\end{Bmatrix}$$

433　E.g.f.: $\left(\frac{1}{x}\right)\text{Series\_Reversion}(x(1+x^2\log(1-x)))$

$$a(n)=\frac{1}{n+1}\sum_{k=0}^{\lfloor\frac{n}{3}\rfloor}\frac{(n+k)!}{(n-2k)!}\begin{bmatrix}n-2k\\k\end{bmatrix}$$

434　E.g.f.: $\left(\frac{1}{x}\right)\text{Series\_Reversion}(x(1+x^2\log(1-x))^2)$

$$a(n)=\frac{2\cdot n!}{(2n+2)!}\sum_{k=0}^{\lfloor\frac{n}{3}\rfloor}\frac{(2n+k+1)!}{(n-2k)!}\begin{bmatrix}n-2k\\k\end{bmatrix}$$

435　E.g.f.: $\left(\frac{1}{x}\right)\text{Series\_Reversion}(x(1+x^2\log(1-x))^3)$

$$a(n)=\frac{3\cdot n!}{(3n+3)!}\sum_{k=0}^{\lfloor\frac{n}{3}\rfloor}\frac{(3n+k+2)!}{(n-2k)!}\begin{bmatrix}n-2k\\k\end{bmatrix}$$

436　E.g.f.: $\left(\frac{1}{x}\right)$Series_Reversion$(x(1-x^2(\exp(x)-1)))$

$$a(n)=\frac{1}{n+1}\sum_{k=0}^{\lfloor\frac{n}{3}\rfloor}\frac{(n+k)!}{(n-2k)!}\left\{\begin{matrix}n-2k\\k\end{matrix}\right\}$$

437　E.g.f.: $\left(\frac{1}{x}\right)$Series_Reversion$(x(1-x^2(\exp(x)-1))^2)$

$$a(n)=\frac{2\cdot n!}{(2n+2)!}\sum_{k=0}^{\lfloor\frac{n}{3}\rfloor}\frac{(2n+k+1)!}{(n-2k)!}\left\{\begin{matrix}n-2k\\k\end{matrix}\right\}$$

438　E.g.f.: $\left(\frac{1}{x}\right)$Series_Reversion$(x(1-x^2(\exp(x)-1))^3)$

$$a(n)=\frac{3\cdot n!}{(3n+3)!}\sum_{k=0}^{\lfloor\frac{n}{3}\rfloor}\frac{(3n+k+2)!}{(n-2k)!}\left\{\begin{matrix}n-2k\\k\end{matrix}\right\}$$

5 付録

5.1 OEIS（オンライン整数列大辞典）との比較

OEISに載っているものは数列の番号も紹介していますが、0を省いた数列やOFFSETがずれている数列を紹介する場合もあります．なお、紹介したOEISの数列が編集（OFFSETの変更、数列の統合etc）され、比較すべき数列や備考の内容が変更する可能性があります．

番号	OEIS	備考	番号	OEIS	備考
001	A000012	一致	002	A000079	一致
003	A033999	一致	004	A101455	一致
005	A056594	一致	006	A000035	一致
007	A059841	一致	008	A104150	一致
009	A008683	一致	010	A000010	一致
011	A000045	一致	012	A000108	一致
013	A000005	一致	014	A000203	一致
015	A000012	一致, 001と同じ	016	A001477	一致
017	A000217	OFFSETずれ	018	A000292	OFFSETずれ
019	A000332	一致	020	A000389	一致
021	A000012	一致, 001と同じ	022	A000027	OFFSETずれ
023	A000217	OFFSETずれ	024	A000292	OFFSETずれ
025	A000332	OFFSETずれ	026	A000389	OFFSETずれ
027	A000142	一致	028	A000142	参考
029	A001710	参考	030	A001715	OFFSETずれ
031	A001720	OFFSETずれ	032	A001725	OFFSETずれ
033	A000984	一致	034	A004987	一致
035	A004988	一致	036	A000142	一致, 027と同じ
037	A000142	参考, 028と同じ	038	A001147	一致
039	A000165	一致	040	A001147	参考
041	A002866	参考	042	A007559	一致
043	A008544	一致	044	A032031	一致
045	A007559	参考	046	A034000	OFFSETずれ
047	A034001	OFFSETずれ	048	A011782	一致
049	A088305	一致	050	A052529	一致
051	A002212	一致	052	A006319	一致
053	A360100	一致	054	A000262	一致
055	A082579	一致	056	A091695	一致
057	A052868	一致	058	A362775	一致
059	A367789	一致	060	A000045	OFFSETずれ
061	A002478	一致	062	A099234	一致

番号	OEIS	備考	番号	OEIS	備考
063	A052709	OFFSET ずれ	064	A073155	一致
065	A360076	一致	066	A047974	一致
067	A361278	一致	068	A361279	一致
069	A362771	一致	070	A362772	一致
071	A376145	一致	072	A011782	一致, 048 と同じ
073	A212804	一致	074	A078012	一致
075	A324969	OFFSET ずれ	076	A000930	参考
077	A002212	一致, 051 と同じ	078	A090345	一致
079	A346503	一致	080	A085139	一致
081	A376574	一致	082	A000262	一致, 054 と同じ
083	A052845	一致	084	A293049	一致
085	A088009	一致	086	A293493	一致
087	A052868	一致, 057 と同じ	088	A376515	一致
089	A376516	一致	090	A376575	一致
091	A376576	一致	092	A000045	OFFSET ずれ, 060 と同じ
093	A182097	一致	094	A017817	一致
095	A000930	一致	096	A003269	OFFSET ずれ
097	A052709	OFFSET ずれ, 063 と同じ	098	A115178	一致
099	A366588	一致	100	A125305	一致
101	A360272	一致	102	A047974	一致, 066 と同じ
103	A376512	一致	104	A376513	一致
105	A118395	一致	106	A190875	一致
107	A362771	一致, 069 と同じ	108	A376517	一致
109	A376518	一致	110	A376577	一致
111	A376578	一致	112	A006153	一致
113	A072597	一致	114	A368265	一致
115	A358064	一致	116	A375604	一致
117	A375627	一致	118	A358080	一致
119	該当なし		120	A375629	一致
121	A000248	一致	122	A080108	OFFSET ずれ
123	A367874	一致	124	A216688	一致
125	A375653	一致	126	A375654	一致
127	A216507	·致	128	A375651	一致
129	A375652	一致	130	A000041	一致
131	A213260	一致	132	A213261	一致
133	A000009	一致	134	A000607	一致
135	A008619	一致	136	A001399	一致
137	A001400	一致	138	A001401	一致

番号	OEIS	備考	番号	OEIS	備考
139	A011782	一致, 048 と同じ	140	A000045	$a(0)$ のみ異なる
141	A023360	一致	142	A000045	OFFSET ずれ, 060 と同じ
143	A000073	OFFSET ずれ	144	A000078	OFFSET ずれ
145	A001591	OFFSET ずれ	146	A104150	一致, 008 と同じ
147	A000254	OFFSET ずれ	148	A000399	一致
149	A000454	一致	150	A000482	一致
151	A057427	一致	152	A000225	OFFSET ずれ
153	A000392	一致	154	A000453	一致
155	A000481	一致	156	A000142	一致, 027 と同じ
157	A000110	一致	158	A007840	一致
159	A052801	一致	160	A354122	一致
161	A000670	一致	162	A005649	一致
163	A226515	一致	164	A006153	一致, 112 と同じ
165	A066166	参考	166	A052506	一致
167	A052830	一致	168	A375671	一致
169	A375672	一致	170	A052848	一致
171	A375660	一致	172	A375661	一致
173	A358064	一致, 115 と同じ	174	A353226	一致
175	A357966	一致	176	A375561	一致
177	A375680	一致	178	A375681	一致
179	A375588	一致	180	A375664	一致
181	A375665	一致	182	A358080	一致, 118 と同じ
183	A353228	一致	184	A240989	一致
185	A351503	一致	186	A375639	一致
187	A375679	一致	188	A358013	一致
189	A375662	一致	190	A375663	一致
191	A000142	一致, 027 と同じ	192	該当なし	
193	A353344	一致	194	A353358	一致
195	A353404	一致	196	A000110	一致, 157 と同じ
197	A052859	一致	198	A353664	一致
199	A353665	一致	200	A375773	一致
201	A007840	一致, 158 と同じ	202	A052811	一致
203	A353118	一致	204	A353119	一致
205	A353200	一致	206	A000670	一致, 161 と同じ
207	A052841	一致	208	A353774	一致
209	A353775	一致	210	A373940	一致
211	A007840	一致, 158 と同じ	212	A052801	一致, 159 と同じ
213	A354122	一致, 160 と同じ	214	A346978	一致
215	A088500	一致	216	A375945	一致

番号	OEIS	備考	番号	OEIS	備考
217	A367474	一致	218	A375953	一致
219	A367475	一致	220	A347015	一致
221	A365575	一致	222	A354263	一致
223	A375946	一致	224	A375951	一致
225	A375721	一致	226	A375722	一致
227	A000670	一致, 161 と同じ	228	A005649	一致, 162 と同じ
229	A226515	一致, 163 と同じ	230	A305404	一致
231	A004123	OFFSET ずれ	232	A375948	一致
233	A367470	一致	234	A375954	一致
235	A367471	一致	236	A346982	一致
237	A365558	一致	238	A032033	一致
239	A375949	一致	240	A375952	一致
241	A367472	一致	242	A367473	一致
243	A007840	一致, 158 と同じ	244	A052802	一致
245	A367138	一致	246	A367139	一致
247	A000670	一致, 161 と同じ	248	A052894	一致
249	A367134	一致	250	A367135	一致
251	A001761	一致	252	A030019	参考
253	A052802	一致, 244 と同じ	254	A052894	一致, 248 と同じ
255	A161633	一致	256	A349559	一致
257	A349560	一致	258	A371121	一致
259	A371119	一致	260	A365282	一致
261	A375830	一致	262	A375831	一致
263	A375832	一致	264	A375833	一致
265	A371043	一致	266	A375826	一致
267	A375827	一致	268	A371302	一致
269	A371304	一致	270	A000005	一致, 013 と同じ
271	A032741	一致	272	A023645	一致
273	A321014	一致	274	A338648	一致
275	A000203	一致, 014 と同じ	276	A007437	一致
277	A059358	一致	278	A073570	一致
279	A101289	一致	280	A000005	一致, 013 と同じ
281	A065608	一致	282	A363610	一致
283	A363611	一致	284	A000203	一致, 014 と同じ
285	A069153	一致	286	A363607	一致
287	A363608	一致	288	A087909	一致
289	A055225	一致	290	A062796	一致
291	A359700	一致	292	A294956	一致
293	A342629	一致	294	A342628	一致
295	A023887	一致	296	A157019	一致

番号	OEIS	備考	番号	OEIS	備考
297	A324159	一致	298	A343573	一致
299	A338661	一致	300	A081543	一致
301	A360823	一致	302	A343574	一致
303	A360831	一致	304	A143862	$a(0)$ のみ異なる
305	A376020	一致	306	A376018	一致
307	A376019	一致	308	A318636	一致
309	A376016	一致	310	A376014	一致
311	A376015	一致	312	A018804	一致
313	A309322	一致	314	A309323	一致
315	A343518	一致	316	A272718	一致
317	A344521	一致	318	A344992	一致
319	A001477	一致, 016 と同じ	320	A000290	一致
321	A000578	一致	322	A000583	一致
323	A000217	一致	324	A000330	一致
325	A000537	一致	326	A000538	一致
327	A000203	一致, 014 と同じ	328	A001157	一致
329	A001158	一致	330	A001159	一致
331	A000010	一致, 010 と同じ	332	A007434	一致
333	A059376	一致	334	A059377	一致
335	A018804	一致, 312 と同じ	336	A069097	一致
337	A343497	一致	338	A343498	一致
339	A018806	一致	340	A344522	一致
341	A344523	一致	342	A164555 / A027642	一致
343	A000182	参考	344	A000108	一致, 012 と同じ
345	A001764	一致	346	A006013	一致
347	A002293	一致	348	A069271	一致
349	A006632	OFFSET ずれ	350	A002294	一致
351	A118969	一致	352	A118970	一致
353	A118971	一致	354	A000012	一致, 001 と同じ
355	A000108	一致, 012 と同じ	356	A000108	参考
357	A001764	一致, 345 と同じ	358	A006013	一致, 346 と同じ
359	A001764	参考	360	A002293	一致, 347 と同じ
361	A069271	一致, 348 と同じ	362	A006632	OFFSET ずれ, 349 と同じ
363	A002293	参考	364	A006318	一致
365	A003169	OFFSET ずれ	366	A365764	一致
367	A365765	一致	368	A006318	一致, 364 と同じ
369	A062992	一致	370	A263843	OFFSET ずれ
371	A365754	一致	372	A001003	一致

番号	OEIS	備考	番号	OEIS	備考
373	A011270	一致	374	A365150	一致
375	A052873	一致	376	A364939	一致
377	A364940	一致	378	A001002	一致
379	A214372	OFFSET ずれ	380	A361305	OFFSET ずれ
381	A088695	一致	382	A365031	一致
383	A365032	一致	384	A001003	一致, 372 と同じ
385	A046736	OFFSET ずれ	386	A054514	参考
387	A049124	一致	388	A364833	一致
389	A052873	一致, 375 と同じ	390	A376474	一致
391	A376475	一致	392	A376558	一致
393	A376563	一致	394	A001002	一致, 378 と同じ
395	A217358	OFFSET ずれ	396	A365725	一致
397	A049140	OFFSET ずれ	398	A063021	OFFSET ずれ
399	A088695	一致, 381 と同じ	400	A376476	一致
401	A376477	一致	402	A376564	一致
403	A376565	一致	404	A001761	一致, 251 と同じ
405	A030019	参考, 252 と同じ	406	A052802	一致, 244 と同じ
407	A376392	一致	408	A376393	一致
409	A052894	一致, 248 と同じ	410	A376389	一致
411	A376390	一致	412	A213644	一致
413	A184949	一致	414	A356785	一致
415	A370993	一致	416	A376385	一致
417	A376386	一致	418	A370988	一致
419	A376381	一致	420	A376382	一致
421	A370927	一致	422	A376350	一致
423	A376351	一致	424	A376344	一致
425	A376441	一致	426	A376442	一致
427	A376345	一致	428	A376443	一致
429	A376444	一致	430	A370984	一致
431	A371147	一致	432	A371145	一致
433	A370994	一致	434	A376436	一致
435	A376437	一致	436	A370989	一致
437	A376438	一致	438	A376439	一致

参考文献

[1] N. J. A. Sloane, Simon Plouffe 著, The Encyclopedia of Integer Sequences, Academic Press, 1995

[2] R.L. Graham, D.E. Knuth, O. Patashnik 著, 有澤，安村，萩野，石畑訳, コンピュータの数学, 共立出版, 1993.

[3] M. Abramowitz, I. A. Stegun 編, Handbook of Mathematical Functions with Formulas, Graphs, and Mathematical Tables, Dover, 1972.

萬山　星一（まんやま　せいいち）

1983年兵庫県生まれ。2010年大阪大学大学院理学研究科博士前期課程修了。
2016年３月より、OEIS（The On-Line Encyclopedia of Integer Sequences）の記事編集を行っている。2022年５月より、同Editor in chiefを務めている。

数列母関数ハンドブック

2025年３月27日　初版第１刷発行

著　者　萬山星一
発行者　中田典昭
発行所　東京図書出版
発行発売　株式会社 リフレ出版
〒112-0001　東京都文京区白山 5-4-1-2F
電話（03)6772-7906　FAX 0120-41-8080
印　刷　株式会社 ブレイン

ISBN978-4-86641-857-5 C3041
Printed in Japan 2025